バーチャル・エンジニアリング Part 5

バーチャルモデルで変貌したモノづくりが世界を席巻する

内田孝尚・鈴木 渉 著
Takanao Uchida
Wataru Suzuki

日刊工業新聞社

はじめに

デジタル化が進む現在、製造業のビジネス変革について開発・設計の分野を中心に書籍『バーチャル・エンジニアリング』シリーズPart1—Part4で紹介してきた。本書であるPart5は、デジタル化が進むモノづくりに関するビジネスの状況と変革を主に紹介する。

モノづくりは古くから、作ったモノ（製品）を物々交換としての対象にしながら、同じ機能、同じ品質のモノ（製品）を量産するビジネスへ成長していったようだ。その量産モノづくりは社会システムの基盤の成長を促し、壮大なモノづくりのコピーシステムが、形成され、全世界に拡がったと言える。

同じ機能、同じ品質の製品の量産モノづくりを行うには、精度のいいコピーマスターが必要となる。手本となるそのコピーマスターは長い間、リアルなモノであった。そのリアルなコピーマスター通りにモノづくりするために、ISO、JISなどの標準化、治具による品質チェック、メートルねじ、インチねじのように規格化されたボルト、ナット……といったほとんどの標準部品には規格が整備され、それらの規格を守り、普及、管理、入手するためのシステムがあり、モノづくりの教育講座は世界中に存在し、スキル充実にも研修会、研修機関が設定されている。社会システムの中の大きな基盤の1つとして量産モノづくり社会体制があり、現在までのモノづくりの社会を維持してきた。

このように、現在まで実績のあるモノづくり体制が継続されている中で、インダストリー4・0、バーチャルエンジニアリング、デジタルツインというバズワードが行き交うようになった。これらの言葉に象徴されるように新たなモノづくり環境体制への変革が始まり、現在では、ほぼ完遂するところまで来ている。

現代のモノづくりと過去のモノづくりを俯瞰（ふかん）し、デジタルを中心としたモノづくりとは何であるかを考えると、非常にシンプルな現実に行き当たる。それはコピーマスターが「リアルなモノからデジタルのモデル」へ代わったことである。非常に簡単な一言である。この一言のために、社会システムが変革していることになる。新たなモノづくり環境体制への変革はコピーマスターが「リアルなモノからデジタルのモデル」へ代わるための環境変革とその整備であると言える。

こうしたことから、本書はコピーマスターが「リアルなモノからデジタルのモデル」へ代わることをテーマの中心としたバーチャルエンジニアリング〝モノづくり編〟としてまとめた。

本書は三部構成とし、第一部と第三部、コラムを内田孝尚が執筆し、第二部はオートフォームジャパン代表取締役社長として金型設計・開発のシミュレーションを用いた技術普及ビジネス展開を実際に進めている鈴木渉が、金型ビジネスの現状課題として執筆した。

第一部　第一章ー第四章　　執筆　内田孝尚

テーマ：モノづくりの歴史とデジタル化
過去から現在までのモノづくりを俯瞰し、大量生産が始まった内容を理解することで、モノづくり社会基盤について語る。

第二部　第五章－第六章　執筆　鈴木渉
テーマ：金型ビジネスと技術、この10年の動き
同じ形状の鯛焼きが型からコピーするが如く作られるように、金型は生活の中に溶け込んでいる。このことから、コピーマスターとして金型作成に注目するとその金型ビジネス自体が大きく変化していることがわかる。

第三部　第七章－第十章　執筆　内田孝尚
テーマ：日本のモノづくりビジネスの見直し
コピーマスターをリアルからデジタルに代えるための、世界の社会基盤変革の推進体制を知り、日本の課題と今後を考えたい。

謝辞
第一部第四章の執筆にあたっては、非球面レンズ量産化を推進されたキヤノンの元常務取締役であ

る山本碩德（やまもとひろのり）氏とのインタビュー時の内容をもとに内田が執筆した。山本氏には、快くインタビューに応じて頂くとともに、その内容を本書の中で執筆することにも快諾して頂いた。篤く感謝を申し上げたい。

本書の出版企画はコロナ禍が始まる前の２０１９年と早く、すでに何年か経ってしまったが、遅々として進まない拙筆の原稿を長く待って頂いた日刊工業新聞社と、出版に際しＰａｒｔ３、Ｐａｒｔ４に続き、編集のご尽力を頂いた日刊工業新聞社書籍編集部の土坂裕子氏に対し、御礼を申し上げる。

本書が多くの読者の方にとって、新たなモノづくりビジネスへの挑戦と日本モノづくり復活への推進へのキッカケになりましたら、筆者らにとって望外の幸せである。

２０２３年９月吉日

内田　孝尚

鈴木　涉

第二章 量産というコピーシステム

第三章 モノづくりのデジタル化は本当に必要なのか

第四章 デジタルデータのコピーマスターは新しい話ではない

第九章 日本の製造業が急ぐデジタル化

第一部

日本のモノづくりとデジタル技術が交差する地点

モノづくりは古代より、生活とともに成長してきた。文化の歴史とモノづくりの歴史は、ほぼ一致するのかもしれない。

日本のモノづくりから生まれる製品は丈夫で、長持ち、美しい、ある意味、工芸品としての扱いもされるほどで、その品質は世界から高い評価を受けている。また、英語でいうと陶磁器は「ｃｈｉｎａ」、漆器は「ｊａｐａｎ」と呼ばれるようにモノづくりはその国の文化を示す工芸品の扱いもあったのだろう。日本のモノづくりは工芸品として、明治以降の殖産興業、戦後の高度成長期などを通し、大きく成長してきたと思われる。その基本は同じ形状、同じ機能を高い品質で量産する〝モノづくりの現代〟へ続く。

例えば、大量生産と言えば、自動車のT型フォードの量産モノづくりをイメージすることが多いと思われる。しかし、日本の歴史を振り返ると面白いことに気がつく。

日本の量産品にはいろんなものがあるのかもしれないが、１５４３年種子島に伝来した火縄銃は、その後、材料、造りなどの技術を凝縮し、高い機能を持ち、日本全体へ流通させた工業製品としての扱いであった。同じ形状の鉄砲の弾を使い、同じように火薬を使い、機能がほぼ同じの火縄銃は戦国時代が終了した時までに約30万丁つくられていたと言われるほど、ベストセラー量産品である。鉄部材を中心とした部品を組み合わせた形態としては、日本の歴史の中では最初の量産工業製品なのではないか。この量産モノづくりのコピーマスターは、種子島に伝来した２丁の火縄銃だったのであろう。

モノづくりのコピーマスターは、時代を経て、図面で表現され、世界中で、車であれ、武器であれ、さまざまなものが量産されるようになる。このコピーマスターが正確にできるかどうかが量産技術のコアであったと言える。

その基本は最近まで、2D図面であった。2D図面は3D形状の表現が正確ではないため、2D図面を読み取り、人の解釈で3D形状へ翻訳した表現を行う必要がある。その翻訳された形状はコピーマスターという扱いになるが、金型であったり、治具であったり、形状の表現はあくまで、リアルなモノがコピーマスターであった。このため、2D図面活用時代のコピーマスターはリアルなモノとして存在していた。これが3D図面となり、3D形状をそのままデジタル表現できることから、コピーマスターがリアルからデジタルに変わることになる。

日本において50年ほど前、非球面のレンズを量産するコピーマスターがデジタルになった。デジタルのコピーマスター通りの形状に製品化するため、生産ライン上で計測しながら形状保証するインライン計測が導入され、製造と計測の組み合わさったシステムの工場へ丸ごと作り変えている。

このように、半世紀前、モノづくりの最大のコアであるコピーマスターが〝リアルからデジタルへ変わった〟例がある。このデジタルのコピーマスターはその後、CAD/CAM/CAE(コンピューター支援による設計/製造/解析)の発達とともにその形状表現がより自由になっただけでなく、設計仕様のパフォーマンスのデジタル表現、制御アルゴリズムのデジタル表現を含めたデジタルのバーチャルモデルがコピーマスターとなった。

第一部では、モノづくりの量産のコアである〝コピーマスターがリアルからデジタルになる〟分岐点を説明することで、量産モノづくりが、社会環境基盤をも活用して機能する壮大なコピーシステムであることを説明する。

第一章

俯瞰すると見える「コピー生産」というモノづくり

1・1　モノづくりからコトづくり

「モノづくりからコトづくり」という表現がよく聞こえてくる。〝モノづくり〟という製造業で〝コトづくり〟の内容を考えると、統一された見解は見当たらないように思え、「モノ」と「コト」の韻を踏んだだけのキャッチーな言葉として聞こえる。「従来のモノづくり」に対し、違った立ち位置から見直すようなことを言っているようであるが、筆者（内田）は理解し、納得するような内容を見つけることができない。このことから、「モノづくりからコトづくり」を筆者なりに感じることを記述したい。

「モノ」と「コト」をあえてイメージ化すると、日本古来より継続される匠の「モノ」づくりと、現代のスマートフォンに代表されるパフォーマンスの「コト」のように感じられる。「モノ」はリアルな形状を持つだけでなく、所有する喜びといった価値を持つような「ブランド」を感じる。「コト」は所有する喜びではなく、利用すること、多岐に渡り活動することの楽しさ、使いやすさに対することで、使いこなすことの〝喜び〟のような存在なのではないかと思う。極端ではあるが、「所有の喜びと活用の喜び」を表現しているのかと思う。

モノづくりのイメージには、モノ自体の持つ形状とその品質、精度に対し、所有という喜びとして畏敬の念を感じる。この畏敬の念を持つリアルなモノを所有する考え方から、活用する生活感も現れ、形状の品質中心であった従来の製造業のアウトプット価値が「コト」としての活用時の機能品質を重視した新たな時代も感じる。

それでは、「モノづくりからコトづくり」をいささか乱暴であるが、製造業における品質という条件で考えてみると、「形状品質」がモノづくり、「機能品質」がコトづくりではないか。従来は各部品の形状精度を正確に保証し、その高い形状品質の部品群を組み上げたモジュールは設計思想、造り込みを表現した製品のマスターと同じ機能を満たすという考え方で、機能保証が行われた。そしてそれが、いつしかブランドとなったのかもしれない。

「モノづくりからコトづくり」という言葉は、現在の製品の品質評価が、形状品質から機能を保証する品質管理へ変革する過渡期を迎えているのではないだろうか。

1・2　技能と技術

「技能と技術」という表現がある。この意味を製造業で考えると、定義は見当たらないだろう。「技能」と「技術」は、「匠」と「教育を受けた技術者」、「暗黙知の塊」と「形式知の教科書」のように、勝手なイメージを重ねることができる。多分、「Technique：特定の分野における特別なスキル」と「Technology：科学の進歩によって生まれる製品・サービス・システムなどの技術」と表現するとシンプルでわかりやすいのだろうが、何となく違う気がする。

話は変わるが、2014年から2017年にかけてNHKで「超絶　凄（すご）ワザ！」という番組があった。ＮＨＫの番組ホームページ（https://www2.nhk.or.jp/archives/tv60bin/detail/index.cgi?das_id=D0009050453_00000）には、「高い水準を誇る日本のモノづくり。…中略…技術者が本気でぶつかり合う真剣勝負を通じて、日本のモノづくりの底力・奥深さを伝える。」とある。職人と技術者に分け、番組上、職人側が勝つことで日本のモノづくりの底力・奥深さとその能力の高さを表現し、面白い番組であった。

ただし、モノづくりと言ってはいるが、職人と技術者のそれぞれのチームがアウトプットするモノは、モノとして、各部品を造り、それらを組み立てし、結果として製造物の機能での戦いとなる。高い機能の戦いなので、形状の良し悪しで勝負がつくのではない。とすると、モノづくりという言葉は機能を持ったモノの集合体なのかと思われる。この番組を見ると開発／設計／モノづくりが一体となり、「モノで機能を表現するのがモノづくり」ということを意味していると思われる。モノづくり自体のイメージよりは、「設計とモノづくりが一体化した技能」として捉えた方が正確と言える。

職人側が勝つ理由は、これまでに機能を検討してきた経験豊富な匠が挑んでいるからだ。経験豊富な匠は設計の立場から見ると、機能を俯瞰(ふかん)できる経験を持っている人であり、その人がリーダーシップを取っていることになる。それに対し技術者側は最終製品機能をまとめ、仕上げ、造り上げた経験を持つメンバーは少なく、新たなデジタルシミュレーションを活用できるように教育された若い設計者が中心であった。どちらかというと機能を具現化するためにモノに仕上げる経験の少ない技術者の参加のように見えた。結果として職人側が勝つ機会が多く、「日本伝統のモノづくりは凄い」ということで番組がまとめられていたように思われる。

モノづくりの言葉の中には、形状を造るということだけではなく、機能設計も含まれていることになる。単純にモノを造ることだけではなく、機能を世にアウトプットすることまで捉えているのだろう。そうすると、技能の言葉からくるイメージは「機能を有するモノづくり」を意味しているのかもしれない。それでは、技術は製造技術、設計技術などと分類された技術カテゴリーの各分野と捉えられるのではないだろうか。

設計技術、機能確認技術、造り技術、品質管理技術、チームマネージメント技術などがお互いに連携されて、1つの目標のために結果を出すプロジェクトがうまく対応できると、そのアウトプットは所期設定の目標を越えた、想像を絶するような結果となることは知られているが、それがそう簡単にできることではないことも知られている。それを狭い範囲で高いレベルにまとめ行っているのが前述した経験豊富な匠なのではないかと思っている。

1・3　日本刀と製造システム化した街

突然であるが、日本刀を技能と技術から注目したい。日本刀は現在の製造品ほど、部品点数は多くはないが、刀身の機能、切れ味などを高める技術、鞘(さや)と刀身との隙間を設定する精度、鍔(つば)、柄(つか)などの工芸品のような匠の技が集まった技能と技術を複合した製品である。刀身は「和鉄」と呼ばれるたた

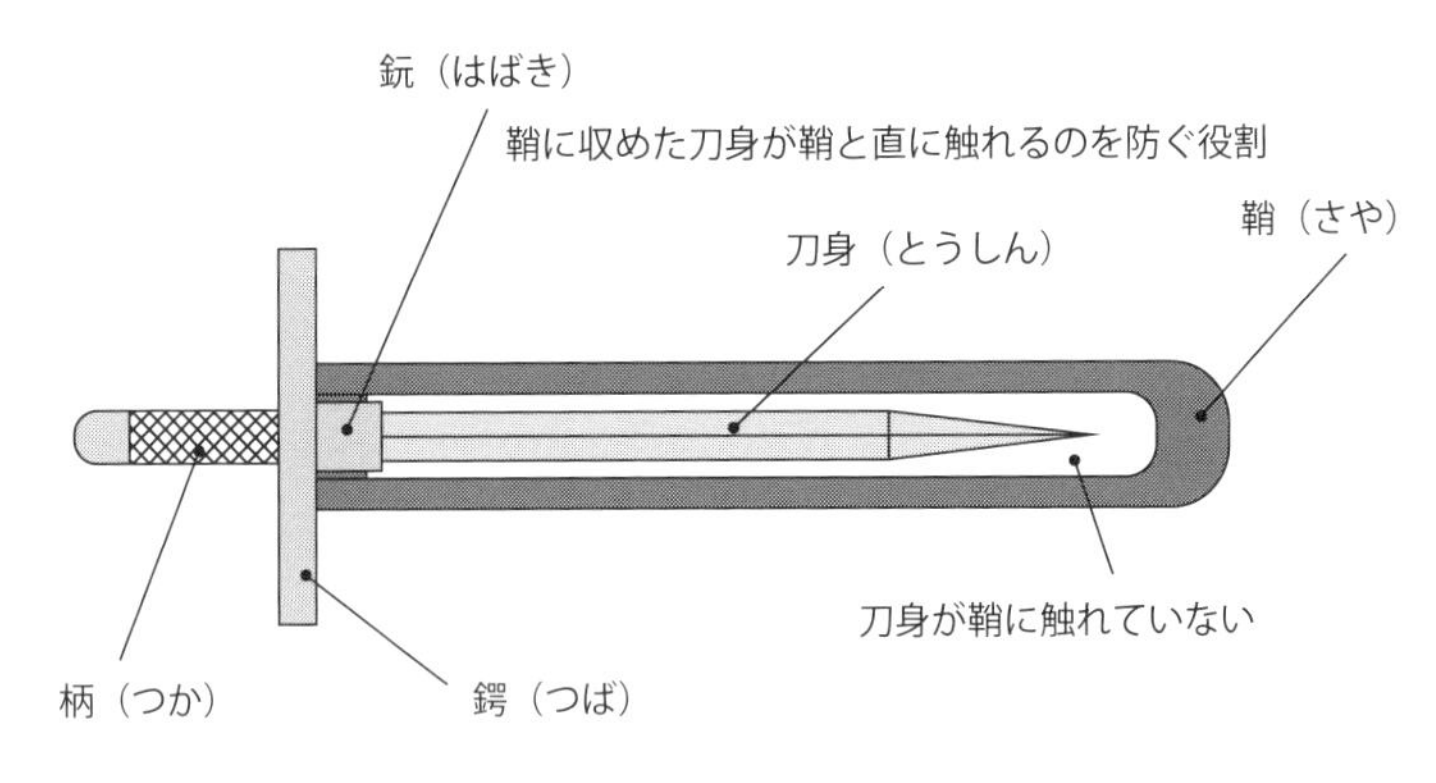

図1.1　日本刀の各部位名称と鈨の役割

ら製鉄で作られる玉鋼をトンテンカンと叩き、鉄の持つパフォーマンスを鍛え、粘りと切れ味を作り上げる高い技能と鋼を鍛える技術の塊であるということもよく聞く。

日本刀についてほとんど知らない筆者ではあるが、日本刀の部品の中で、刀身以外で次に興味が湧くのは鞘である。その理由は、刀身は鞘の中でどこにも触れずに浮いている状態になっているらしい。博物館の刀剣展で案内の方に聞いて、知ったことである。鞘は刀身ごとの特注で、刀身の根本部分だけで刀身と鞘が固定されているそうだ。

その根元はどうなっているのかと調べると、ここに使われている金具が鈨（はばき）である（**図1・1**）。刀身が動いて鞘に触れないように、なおかつ、刀が抜けないようにかたく鞘と刀身を固定するだけでなく、刀身を抜く時は、速やかに行うことができるようにするためにきつすぎないようにコントロールする重要な部品である。刀の鞘を持って柄を下に向けても抜けないようになっている。すなわち、鞘と鈨の間には「はめあい公差」が正確に設定されていることになる。

はめあい公差：軸と穴のはまり具合を示す公差。現在ではＪＩＳ規格では軸が穴に固定されるか摺動（しゅうどう）するかなどの目的に応じてアルファベットと数字で表記されている。そのはめあい公差には「すきまばめ＝ガタ有り」「しまりばめ＝ガタ無し（強圧入）」「中間ばめ＝ガタ小或いは無し（軽圧入）」の3つがある。鞘と鈨の間には、固定と摺動の2つの機能を満たす隙間の設定がされていることになる。

刀身の形状が標準化されておらず、規格化もされていないので、鞘、鈨などの各部品はすべてカスタマイズされて作られる。これらの部品は、各工程を分業し、その分野の熟練した担当者が連携したモノづくりをしていたようだ。それが1つの工場の中ではなく同じ街の中で製造分担が行われ、部品を集めアセンブリする製造システムであったようである。鍛冶屋横丁といった、ある意味、街が工場システムであったと言える。カスタマイズ製品を製造する、壮大な工場街システムである。

このシステムは現在も、日本の大田区などのモノづくりの街に見ることができる。また、世界でも同じような類いはある。例えば、産業育成のため、フランスのクラスター制度は国の地域を分け、その地域ごとにモノづくりテーマを決めた製造技術システムの街を見ることができるようだ（第七章で詳説）。

1・4　火縄銃のコピー生産

火縄銃は銃身、銃床、火皿、引き金などの部品で構成されている。部品は日本刀の材料に近いばかりか、大きさもそれほど差がない。ポルトガル人が2丁の火縄銃を種子島に持ち込んだのは1543年のことだが、当時は、前述の日本刀の街単位で行う製造システムが確立されていた。

火薬を詰め、その爆発に耐える強度を満たし、それなりの圧を密閉する銃弾と銃身の隙間を規定した銃身を製造するためには、それなりの高度な技術が必要である。銃弾と銃身の隙間は日本刀の鈨と鞘のはめあいの技術を考えると容易に設定できたであろう。

また、銃身の強度は玉鋼を鍛えた技を考えるとこれも銃製造には大きな問題はなく、必要な技術がすでに存在していたことになる。おそらくポルトガル人は当時の日本では技術的に難しく作れないため、火縄銃自体を売り込めると思い、日本に来たのではないか。ところが、玉鋼を用いた鉄素材や、各部品の加工技能、引き金などのはめあい設定に対応した日本刀の製造技術からすると、強度やサイズが日本刀と似た鉄砲は、いとも簡単にポルトガルの銃のコピー生産ができてしまったと思われる。

この後、日本の戦国時代における合戦には火縄銃が必ず存在することになる。戦国時代の終わる頃には、30万丁の火縄銃があったと言われている（NHK BSP「大戦国史『激動の日本と世界』」2020年9月26日放送より引用）。日本に火縄銃が伝えられて、たかだか50年で30万丁の銃が量産されたことになるのだ。

カスタマイズ生産された日本刀との違いは、精度の規定だろう。銃弾の大きさが決まっていたようなので、同じ規格の玉を打てる標準化された大量生産が行われたことになる。同じものを大量に製造するときに、現在で言えば「〇〇工場製」という表示になるのであろうが、火縄銃では堺産などの街の名前が製造ブランドになったようだ。

当時、日本の鉄は和鉄といった。たたら製鉄によって砂鉄を熱してできた玉鋼を鍛えて作りあげる和鉄は、日本刀と同様の強度で非常に優れていた。銃身強度が十分に得られ、なおかつ、日本刀の製造技術で培った緻密な技巧から銃のパフォーマンスを決定する銃身穴精度が手に入ったと言える。そのため、当時としては世界でも第1級の銃だったようだ。

戦国時代の後、太平の世には不要となった火縄銃は、性能がよかったことからか、アジア地域を中心に海外へ輸出されたという（前述NHK BSP「大戦国史」より）。ちなみに、溶鉱炉を用い鉄を鋳造する一般的な製鉄が日本で行われるようになったのは、19世紀後半の明治時代からと言われている。

火縄銃の伝来は、同じ機能のモノを大量生産する新たな社会システムが日本で始まるトリガーになったと言える。伝来した2丁の銃の正確なコピーにより、壮大なコピーシステムができあがったことになる。すなわち、T型フォードに代表される大量生産時代の壮大なコピー生産システムが、15世紀には大阪・堺などの街に登場していたのだ。

1・5　工場は正確にコピーすることが使命

現在の製造業の話題に戻ろう。

高い品質と信頼性のある製品を出荷する工場が、高く評価される。工場によってはＩＳＯ９００１、ＩＳＯ１４００１が認定され、高品質、高信頼性の保証をかかげている。高品質、高信頼性を評価された工場からは、ほぼ同一の機能の製品が出荷される。顧客が欲しいのは機能である。一般的な評判やカタログなどで謳われている通りの機能であることが前提である。

この機能保証が公的にできない時は、すでに築き上げられたブランドがその保証条件となる。その１つである「日本製」ということ自体がブランドであったりする。いまだに日本製が高品質、高信頼性という扱いをされ、信頼性の評価基準になっている例も見られる。

設計仕様通りの機能をコピー生産するため、アセンブリされた製品は個々の部品の精度保証が求められる。アセンブリされる部品はサプライヤーなどの生産であり、サプライヤーの多くもＩＳＯ９００１、ＩＳＯ１４００１認定による品質保証の制度で認められた工場となっており、信頼性が存在する。基本的には、設計図通りの部品を造ることが常に求められ、同じ部品形状、同じ機能の製品をアウトプットする。

火縄銃の箇所で説明したが、同じ機能のモノをアウトプットできる工場は壮大なコピー生産システムということになる。コピー生産システムを保証するために、部品の形状製造、工場のＩＳＯ９００１、ＩＳＯ１４００１などの認定、検査、管理、マザー工場によるモノづくりの先行量産などを行う技術システムが、現代のマス・プロダクト工場と言える。

このコピー精度を上げるため、治具を用いたり、現代ではレーザー計測し、インラインで造りながら形状補正する手法が組み合わされてきた。治具は工場の現場で部品製作精度を上げるため、一般的に用いられる方法である。治具については、『図解 機械用語辞典』（工業教育研究会編、日刊工業新聞社刊）に次のように記述されてある。

ジグ：治具は当て字。工作物を固定するとともに切削工具などの制御、案内をする装置。おもに機械加工、溶接などに用いる。これによっていちいちケガキする手間がはぶけ、加工が容易になり、仕上がり寸法が統一されるので作業能率を増し、大量生産に適する。

このように同じものを作るための機能として、量産現場には用意されていることになる。

コピー生産には、前述した治具や計測技術の活用があるが、次のような項目が世界の製造業の分野で構築されて変革してきたと言える。

製造技術　　検査技術　　管理技術　　ＩＳＯ・ＪＩＳ・各企業内の標準化規格などとそれらを構築、普及させる教育なども含めた社会システム　　などなど

これらの技術の成長により、リアルなモノをコピーマスター通りに製造する壮大なコピー生産システムが充実してきたのだ。

COLUMN

鉄砲とキリスト教に一致する、日本で拡がったタイミング

筆者はインドのゴアを訪問したことがある。ゴアにはフランシスコ・ザビエルの遺体が安置されている教会があり、観光地となっている。ザビエルは日本へキリスト教を伝えたことで知られているが、それだけでこのような立派な教会を設立してもらえるのかなという疑問が筆者に生じた。インドのゴア自体は、もともとポルトガル領であり、キリスト教布教の宣教師が集まっていたと言われている。このゴアに筆者が訪問した経験から、フランシスコ・ザビエルに興味を持ち、日本へのキリスト教伝来、その辺りの歴史の動きに好奇心が生まれた。

ザビエルの遺体の安置されているゴアの教会に置いてあったパンフレットの説明書を読むと、若い頃、プレイボーイでいろいろと行動に問題があったという。改心させる意味で宣教師としてアジアに行くようにと、ポルトガル国王から指示されたと書いてあった記憶がある。国王から指示されるほどであり、なおかつ、パリの大学へ留学し、ローマでローマ教皇に謁見した経験もあるなど、ザビエルは当時の超エリートであったと思われるが、あまりいい評価はされていなかったようでもある。その後の活動結果が評価され、今日の名声となったらしいと、

このようなことがパンフレットには書いてあった。

　パンフレットの内容を筆者が正確に記憶していないかもしれないが、その当時、ザビエルは聖人と思っていたが意外なことが書いてあることに「ああ、そうなんだ」という不可思議な気になった。それでは「何がこのような教会に祀られるほどの評価されるに至る行動をとったんだろうかな?」と思い、インターネットなどで調べた。日本でのキリスト教布教は、ザビエルが1549年に鹿児島に着いて行ったと聞いている。そして、それよりも6年前の1543年、同じく鹿児島の種子島にポルトガル人が鉄砲を持ち込み、鉄砲が伝来した。そして、ザビエルが来た1549年、この年、鹿児島内で行われた「黒川崎の戦い」が日本で初めて鉄砲が使われた合戦と言われている。

　ザビエルはスペインで生まれたと言われているが、ポルトガルの国王に指示されてポルトガル領のインドのゴアに行った。当時、インドは天然の硝石の産地として知られており、日本では鉄砲は伝来したものの黒色火薬を作るための硝石の入手は難しかったようだ。硝石は人工的に作ることもできるが、その量はある意味では制限されてしまう。ただし、鉄砲伝来直後は、それほど鉄砲が普及していなかったことから、硝石の必要性も知られておらず、人工的作成方法もそれほど普及していなかったと思われる。

　鉄砲が、戦国の戦いにおいて大きな位置づけになった時、おそらく火薬の量は莫大になり、その入手がキーとなったと思われる。大量の鉄砲による戦いは、欧州よりも日本の方が早く拡まったと聞いており、例えば「長篠の戦い」には数千丁の鉄砲が使われたようだが、この量の鉄砲を用いた戦いは欧州ではこれより70年後まで存在していなかったと聞く。

話は戻り、インドは天然硝石の産地であり、その集積地がゴアだったと聞く。日本の戦国大名の欲しくてしかたのない材料がインドにたくさんあったわけだ。それを購入するためにインド貿易が盛んになった可能性もあり、その代表がポルトガル船なのかもしれない。

そして、キリスト教の大名として知られている大友宗麟が日本で最初に大砲を使ったようだ。この大砲はキリスト教宣教師から紹介されたと、さまざまな歴史書に書いてある。

ここで言いたいことは、キリスト教の伝来は硝石、それから大砲、鉄砲の普及の時期とほぼ一致している。キリスト教宣教師が黒色火薬の材料、鉛などの貿易商人を兼ねていたため、その莫大な収益をもたらしたフランシスコ・ザビエルを評価して、ゴアにあのような立派な教会を設立したのではないかと勘繰ってしまう。

そういえば、石山本願寺に雑賀衆、根来衆の鉄砲隊が入って、織田信長を苦しめたようだが、彼らは土を使った人工的な硝石の作り方を技術として持っていたようだ。ただし必要量を作るには、家の軒下の大量の土と多少の時間が必要になってくる。天然の硝石が手に入れば、それが楽な方法だ。信長が比叡山延暦寺を焼き討ちしたのは1571年。延暦寺は堺港の貿易を牛耳っていたと作家の津本陽さんが言っていた。津本陽さんは『下天は夢か』を書かれた歴史小説家で、筆者が以前勤めていた会社で能力開発委員会の委員をしていた時、講演依頼をし、その後、一緒に会食した際の話題の中で、信長が比叡山を焼き討ちしたのは堺港の動きが絡んでいるというような解釈があったことを話されていた。

ここで面白いのは石山本願寺が戦乱として始まったのは1570年前後。ここに鉄砲隊が入っていたわけで、その鉄砲隊が使う硝石をもし堺港から渡っていたら、それを止める方法を普通は考えると思う。そうすると信長による1571年延暦寺の焼き討ちは、ぴったりとタイミングが合うことになる。

歴史はさまざまなタイミングが合い紡がれていくものだが、キリスト教の伝来と鉄砲を使う上での硝石、鉛の輸入に対して、鉄砲の普及のタイミングがあまりにも一致している。そして戦乱が終わり、鉄砲の活用が減り、それほど硝石が必要ではなくなったと同時にキリスト教禁教令のおふれが出る。また日本で作られた鉄砲は大量に存在したわけで、それが日本の輸出製品として東南アジアに流れたということも聞いている。戦国時代の貿易、それからキリスト教の動き、戦国大名の勢力拡大、この辺を調査すると非常に面白いことがわかりそうだ。

（コラムはすべて内田孝尚記）

第二章

量産という
コピーシステム

2・1　図面通りではなかったモノづくり

2D図面であれ、3D図面であれ、付表なども含め、図面は製造仕様書である。長い期間、2次元で表現された製造仕様書で3次元のモノを生産してきた。このモノづくりの世界にもデジタル化が拡がった。

1980年代、2D図面のデジタル化が始まる。1990年代に入り設計の3D化が始まる。これにより形状のデジタル表現が可能となった。2Dのデジタル化は紙であった図面のデジタル化であるが、3Dのデジタル化は形状のデジタル化であり、その設計図の機能は大きく変革することになる。同時に、図面に持たせる情報と活用ルールの進化により、従来の寸法情報だけでなく、製造機械のコントロール情報や製品の機能パフォーマンスを表現するデジタル情報も含まれるようになった。また、正確な形状のデジタル表現により、図面通りのモノが造れるモノづくりが世界に拡がった。

2D図でモノづくりを行っていた時代に戻って説明をしたい。2次元を用いていた時代、2D図面情報で製造できるよう、図面を出す設計側、図面を受け取る造り現場側のそれぞれに工夫があった。日本の各造り現場では、設計者の意図を理解した形状とその品質を守るためのノウハウを高めてきたと思われる。そのため、技術の伝承、技術レベルアップなど、各現場独自の手法を持ち、それがノウハウとして伝えられた。造り側の課題を解決しながら設計側が検討した機能との両立、コストダウン対応などをお互いが議論しながら、製品の品質のために摺り合わせも行われたと思われる。

　筆者は２Ｄ図面を用いた製造現場の方々に対し、設計の意図を説明する必要があり、その打ち合わせの場が多くあった。そのような打ち合わせの中で、「図面のようなモノを造っている」という言葉を何度も聞いたことがある。情報が足りないためなのか、２Ｄ図面で表現した形状に対し自由度が存在していることになる。このことは、同じ２Ｄ図面ではあるが、現場の製造技術者の図面解釈により形状の違いが生じ、同じ図面でも工場ごとに多少の違いが存在することを現場側は知っていたことになる。このようなことを前提に考えると、２Ｄ図面の指示通りに作っただけでは、品質の高い製品ができないことになる。

　ここで鋳造による試作物の造り方を例として説明したい。

　２Ｄ図面をもとに作成した試作物と、デジタル表現の３Ｄ図面を用いて製作した試作物とは、重量に違いが生じる。試作物は少量生産のため、金型ではなく砂型を用いて鋳造されることが一般的だ。この試作物の砂型は３Ｄ図面を用いた開発・モノづくりが定着する以前は、２Ｄ図面を読み取りながら、人の手により木を削り、砂型用の木型が製作された（**図２・１**）。このような手法で作られる砂型試作物は、設計者の意図した形状とは多少の違いが生じてしまう。その理由の１つとして、２Ｄ図面では完全には詳細な形状を表現しきれないことから、肉厚や細かいところの形状に砂型の製作者のノウハウや意思が入ることがあげられる。

　３Ｄ図面を用いた設計の場合、造りの情報である型の抜き方向、抜き勾配などの設計者の細かい指

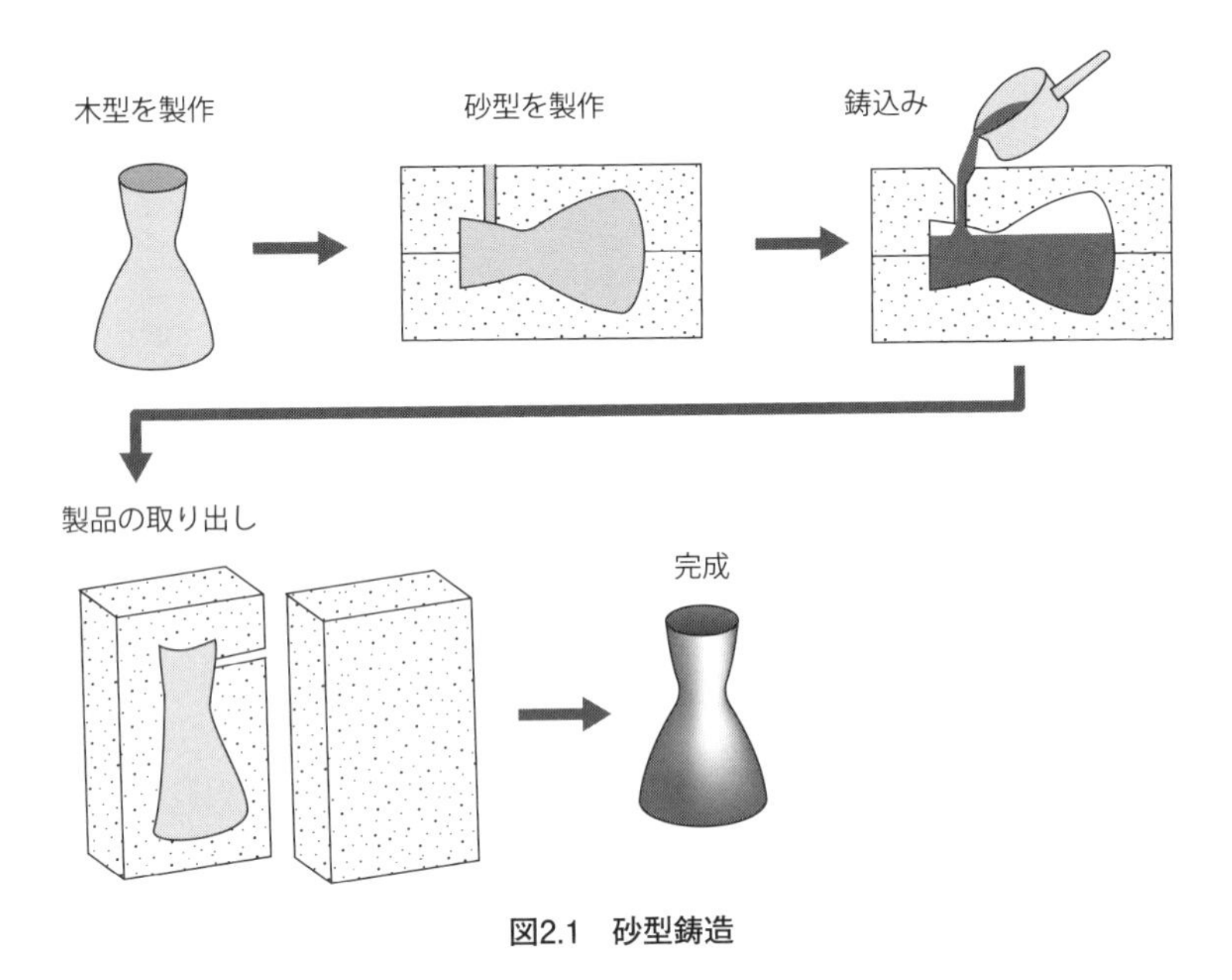

図2.1　砂型鋳造

示や造り部門技術者の経験によるノウハウや、造り現場で設定していた情報も含めて3次元形状をほぼ100％、3D図面に表現することができる。この3D図面のデータを用い、直接、NC（数値制御）の工作機械にて砂型用の木型を切削することができるようになり、試作物の精度は飛躍的に向上した。

3D図面を用いた試作物と2D図面を用いて作成された試作物の違いを、設計目標重量値と比較した例を**図2・2**に示す。

この例を見ると、従来の砂型試作物では、目標重量に対し約10％重量が増えている。ところが、3D図面を用いて直接砂型をNCの工作機械にて切削する手法では、砂型試作物重量は設計目標重量の1％を示しており、ほぼ図面通りになっている。砂型鋳造においても、3D図面を用いた場合、どこで製造しても、3D図面と

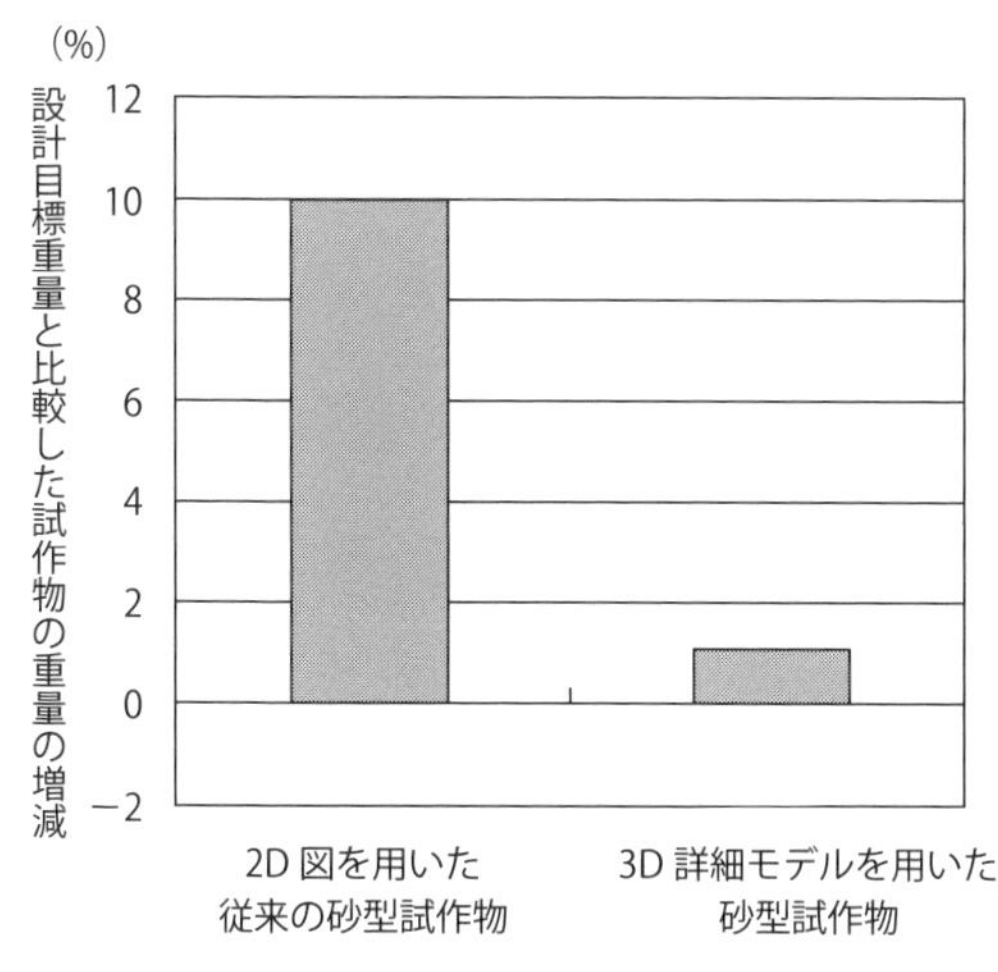

図2.2　砂型作成手法による重量の比較

同じ形状の部品を製造できることになる。同様に、量産時に必要となる金型の造り方も３Ｄモデルを用いることから、３Ｄ図面を用いた同じ３Ｄモデルで作成される砂型試作物と金型量産品は同じ形状が製作される。このことは３Ｄ図面による設計では、設計者の指示や意図、造りの情報、造り部門技術者の経験などを３Ｄ図面の中の情報として持たせることが可能であることを示している。

2・2　試作物を用いたスリアワセ

製品開発の現場で行われていた、試作物などの現物を用い、設計仕様、量産品質向上のためのスリアワセを考察したい。

スリアワセは、設計と解析と造り現場の技術者の協業活動であり、お互いの持っている技術を用いた仕様決定の方法だと言える。製品のすべての分野、システムがこのやり方だけで行われたわけではない。どちらかと言うと、形状品質が機能品質へ影響しやすい部品の製造において行われたようだ。例えば、高精度ギヤの部品精度がもたらす静粛性などが商品性へ影響することから、形状品質が重要視された。そのため、安定した機能の製品をアウトプットするやり方として、定着したのではないかと思われる。

スリアワセはすでに過去のやり方として風化し始めていると言われる方もおられるが、世界が日本のこのやり方を含め開発体制を研究したことは事実である。

工業製品の多くは、各国の認証の対応やその国の顧客要望から仕向け地ごとに機能や大きさの違う設計仕様となり、仕向け地別の製品開発・製造を行っている。仕向け地別に設計仕様が違ってはいるが、その製品のいくつかの基本モジュールは標準化され、共通となっていることが多い。これらの基本モジュールと、新たに設計された別モジュールとの組み合わせで、新たな機能の製品を開発・製造することになる。その最終段階でそれらのモジュールと部品が組み合わされて成立する機能品質を造り現場で確認、調整するのがスリアワセであったと言える。

これは設計、解析、製造の技術者の協業で製品の詳細仕様を決めてきた方法の1つである。課題や新規機能などの検討を必要とする部位に対して、機能の最終仕様を決定するため、設計者がいくつかの仕様を設定した試作物用試作図を出図する。この試作物は、仕様検討用として案別に複数作成する。これらの試作物を用い、解析技術者たちがテストしながら、部品の詳細部位の仕様を決める。課

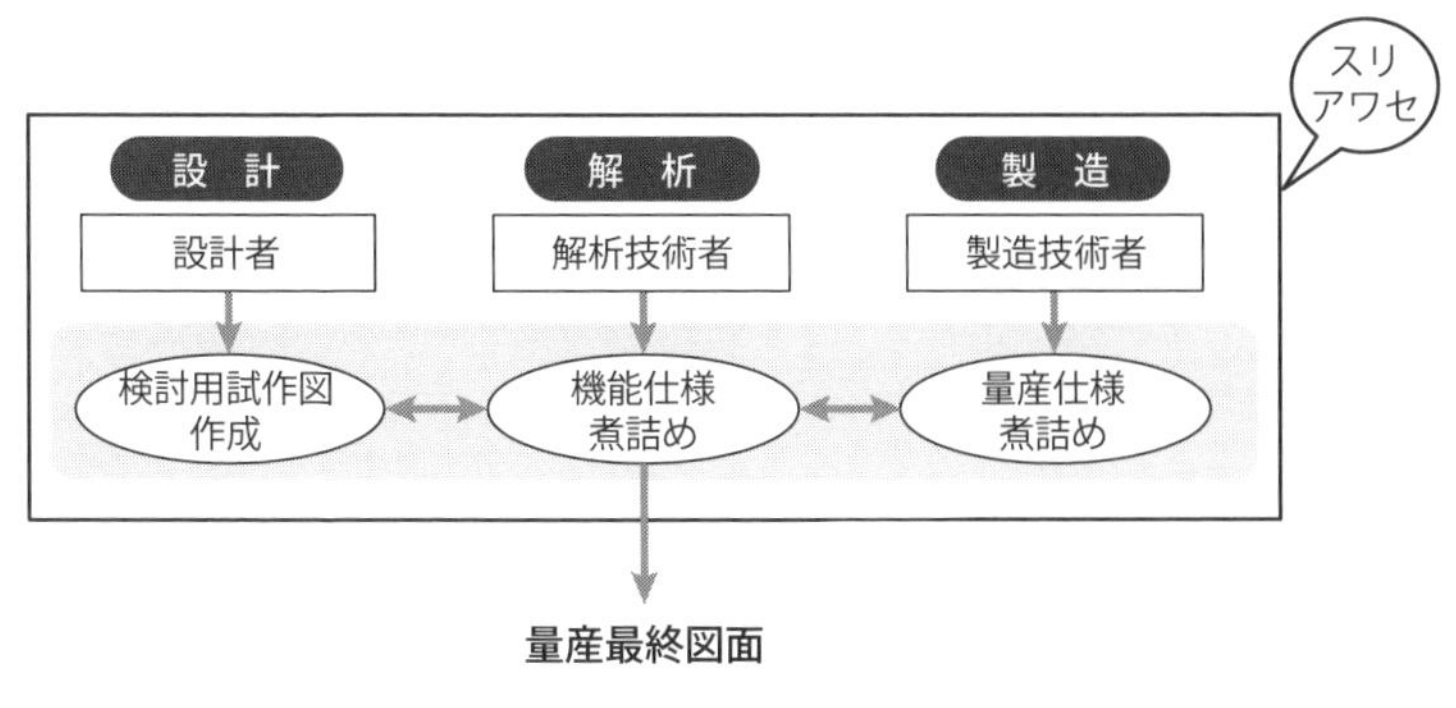

図2.3　スリアワセのイメージ図

題と機能を満たす仕様と形状を提案するのだ。この提案方法はレポートであったり、口頭であったりするが、変更部の形状は直接、紙の2D図面に描き込み、設計者とのスリアワセを加速する。同様に、量産現場の技術者とともに量産に適した形状に関して検討を行う（**図2・3**）。

最終仕様の形状を決められない時は、その都度、新たにいくつかの検討別仕様の試作物を製作する。従来でも、試作物および実機解析を減らすためにＣＡＥ（Computer Aided Engineering：構造力学、流体力学などのシミュレーションシステム）を用いた検証は行われていたものの、量産設計仕様を最終決定するために量産寸前まで実物によるテスト解析を繰返していた例が多い。幾度ものスリアワセ終了後、設計者は最終量産図を出図する。造り、機能を満たした最終仕様によって、量産可能となる。

このスリアワセの基本は実物を用いた仕様検討である。一番手として品質の高い製品を製造し、他の関連工場でも同じ品質の製品をコピー生産できるようにするためのまとめ役となるのがマザー工場ということになる。ここで仕様と造りの検討を完了した形状がコピーマスターになる。

　このスリアワセは、各現場の技術者の技術レベルと思考レベルが共通化されないと、トータルバランスの整った製品のコピーマスターとして仕上がらないことになる。このため、世界がこの方法を導入しようとしても、各現場に優秀な技術者が存在しない場合、技術レベルを合わせるのがなかなか難しい。特に欧州では、製造現場やテスト解析現場に優秀な技術者が少なく、日本のスリアワセを垂涎（すいぜん）の的として見ていたと思われる。いろいろな分野の技術者の知恵が入り、日本独特の「モノづくり」が日常茶飯事に行われていたことになる。

　マスコミや大学の教育関係者も、このスリアワセが世界に誇る日本のモノづくりシステムとして、日本の現場力の優れた点として紹介していた。

　ただ現在では、試作物のかわりにバーチャルモデルを用い、解析、造りをバーチャル化したバーチャルエンジニアリング環境の中で、各分野と営業、メンテナンスなどの専門家も参加する新たな集団検討が行われるようになった。このバーチャルエンジニアリングについては後述するが、その普及と進化により、日本のスリアワセの優位性は薄れたと言える。

2・3　コピーの原点は型によるモノづくり

金型の一番型と二番型

型によるモノづくりは、大量生産のコア技術である。例えば、たい焼きの如く、同じ形状の製品が金型から造り出される。プラスチック成形部品も、鋳造部品も、プレス部品も、金型で形を決める。要は大量生産の基本は「金型で同じモノを生産すること」にある。大量生産を壮大なコピーシステムと記述したが、そのコピーシステムのコアの1つである。

金型の製造は、従来は2D図面を読み取り、金型を切削するためのNCコントロールデータのパスを作成するか、形状を表現する関数に従った2D図の形状を3D形状にデジタル化する。そのデジタル化された3Dモデルを用いNCの工作機械で金型を直接切削することや、3D電極モデルを作成し、放電加工などで金型を形成する。

3D図面の供給がないと基本的には2D図面を読み取り、形状表現するためのデジタル化の3Dモデルを作成するが、この部分にも、品質向上のため、現場技術者のノウハウが入り込んだ。

正確で良質な金型は、量産されるコピー製品の品質を左右することから、金型の最終仕上げが重要となる。例えば、複数の金型が組み合わさっている場合、互いの位置、型のスライド精度、形状が正確でないと仕上がった部品の表面形状に段差ができたり、プレス製品であれば予定以上に製品の肉厚減が生じたり、品質が保てないことになる。このため、複数のスライド金型などが組み合わさって形成されている金型の最終仕上げの良し悪しは、現場技術者の仕事レベルを評価することにもなる。

従来、手作業を中心に、平滑加工、磨き加工、組み立て調整、試作調整などを行い、金型が完成した。この完成した最初の金型を一番型と呼ぶ。「最終仕上げを行うことに、誇りを感じる。」という現場の技術者の言葉が聞かれるように、この一番型に日本の経験的な得意技が込められている。日本の現場の高い品質を誇りとするプライドと、経験によって伝えられるワザのようなものを感じられた。そのせいなのか、日本では金型仕上げ工程にはNC化の導入が遅れ、手作業がいまだ残っているのが現状である。

これらの金型の仕上げを行う責任区が、マザー工場である。各製造所全体の品質へ影響することになるマザー工場という代表工場が、仕上げ金型を作成する。また、金型造りは外部の金型メーカーに発注するが、一番型を受注するのは、従来は主に日本の金型メーカーであった。完成した金型はマザー工場で使用するので、他の工場でもこの金型メーカーに、一番型をコピーした二番型、三番型……と言われる金型製造を依頼、発注する。金型ビジネスではこのコピーする二番型、三番型で収益が上がるようなビジネスモデルになっていることから、一番型の製作は金型メーカーの持つ技術と費用の持ち出しである。金型メーカーは二番型以降も受注し、それらで収益するビジネスモデルであった。

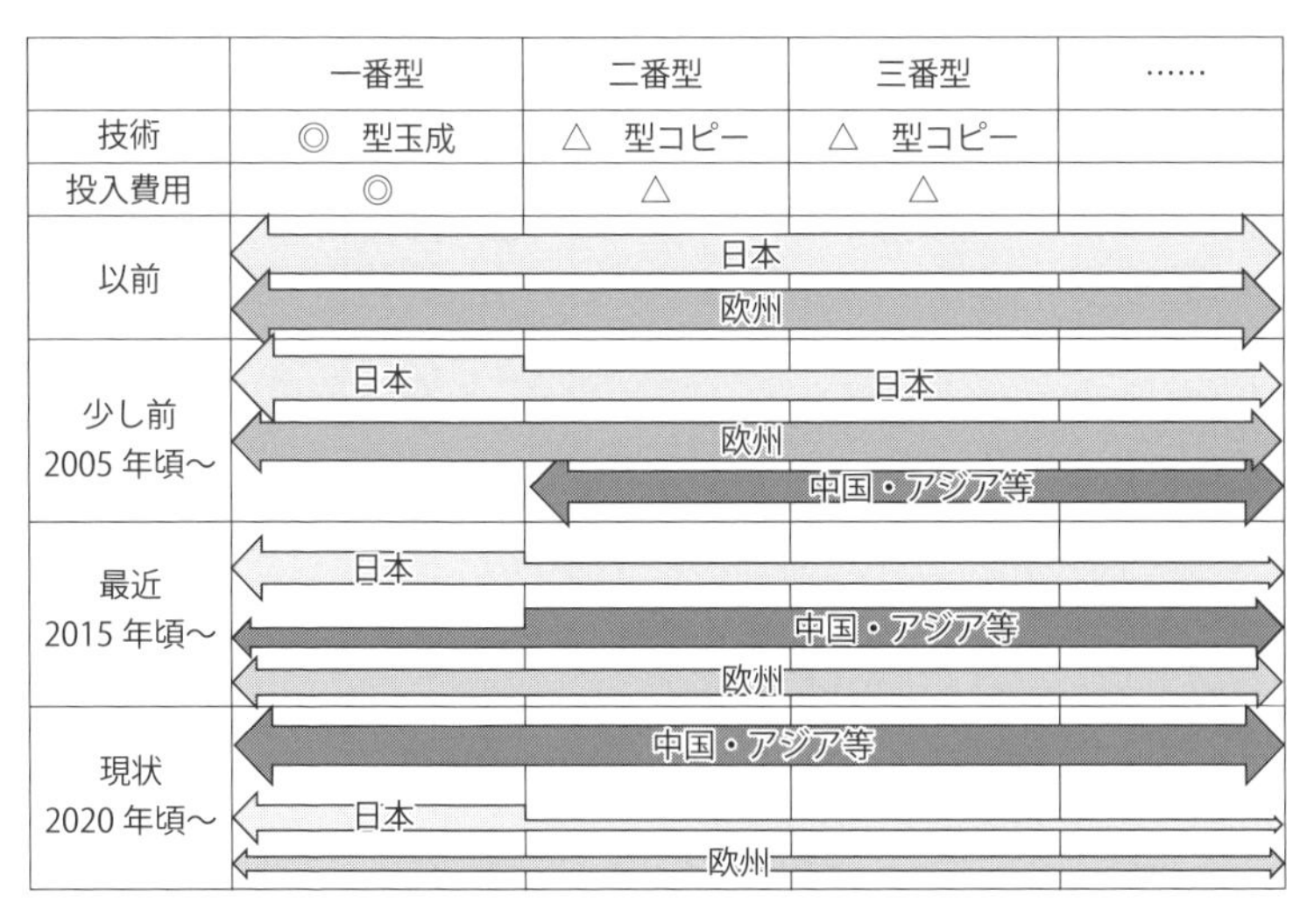

図2.4　日本／欧州／中国・アジアなどの金型ビジネスの変化（イメージ）

ところが現在、3D計測技術が進み、一番型を計測コピーし、デジタル化する技術が進んだ。実は、この二番型、三番型製作のためにコピーするデジタル化、3D化には最新技術が活かされている。この対応は中国をはじめ、いろいろな国で展開されており、一番型を製作する金型メーカーは二番型以降を受注・製造することが減少し、日本の金型メーカーのビジネスの優位性が薄れ始めた。二番型以降で得られる収益が減るだけでなく、ビジネスモデルが変革したことになる（**図2・4**）。

一番型の新たな製作手法の成立

第二部で詳しく説明するが、肝心の一番型の制作にも新たな方法が成立し、普及している。平滑加工、磨き加工、組み立て調整、試作調整などがバーチャルエンジニアリング環境の普及により、設計段階でその詳細が煮詰められるようになった。以前の一番型のコピーで造った二番型以降のビジネスではなく、従来から築き上げられた日本の得意とする一番型の玉成段階のビジネスで変革が起こっている。

一番型もバーチャル技術での玉成の最終仕上げが、これまでより早く、リーズナブルなコストでできるようになったのである。残念ながら、日本ではこの展開が遅れている。すなわち、一番型のビジネスにおいても日本の得意技としての活動が難しくなったと言える。金型による大量生産は、壮大なコピー生産システムの中のコアの部分である。このように金型ビジネスでもデジタルを用いた新たなビジネス展開が変革し、進んでいることになる。

2・4　MtoM必須の幾何公差の移行が進まない日本の図面の寸法表記

造り側の自由度が存在する図面表記と、自由度の少ない図面表記

設計図に記入される公差表記には、寸法公差と幾何公差がある。公差とは、設計図通りに加工したつもりでも実際にはバラツキがでるが、製品が機能するためにどのくらいのバラツキまで許されるか、その幅を数値で表したものと考えてもらいたい。寸法公差と幾何公差の違いは、寸法の起点の基

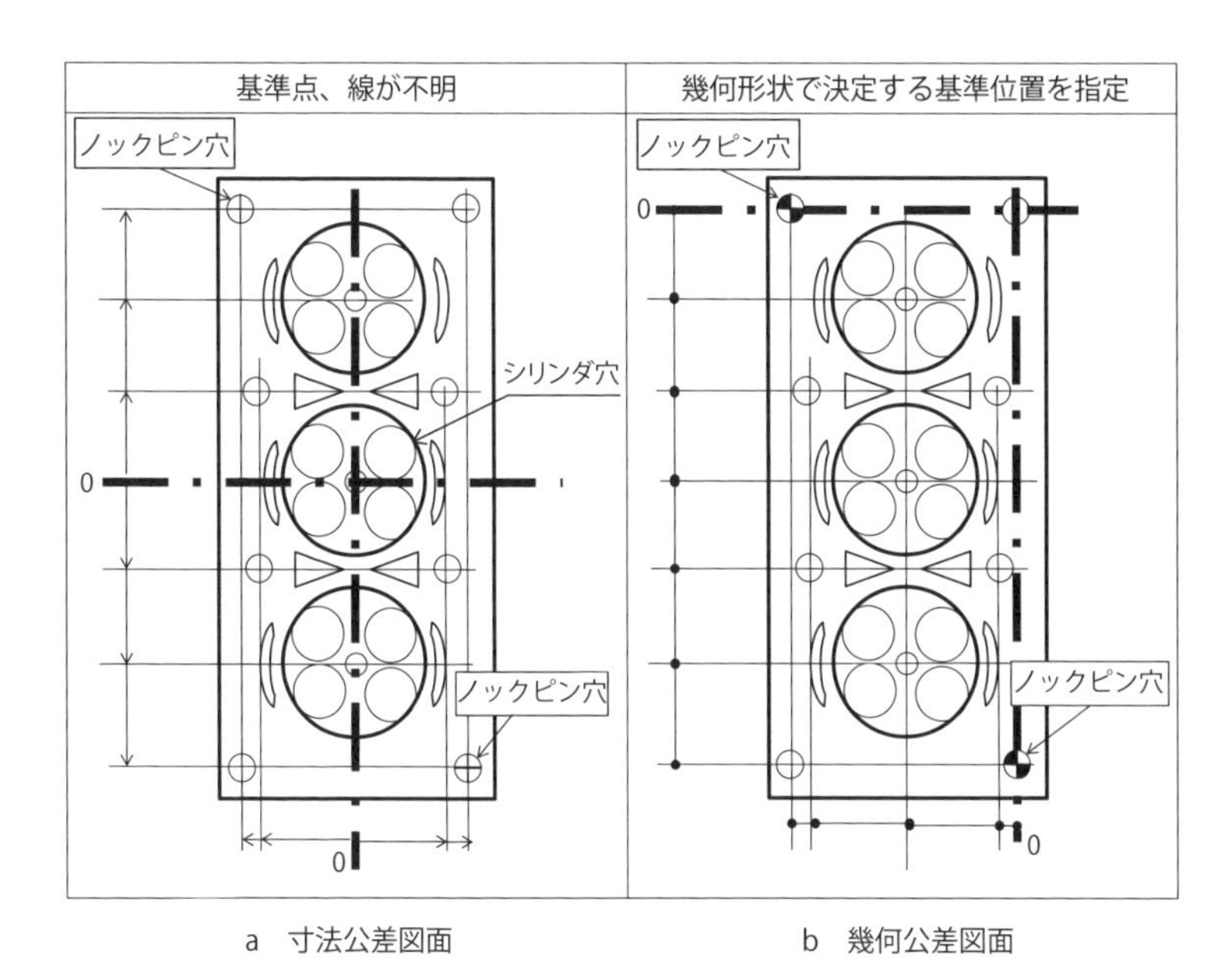

a　寸法公差図面　　　b　幾何公差図面

図2.5　内燃機関シリンダヘッドのイメージ

準に対する考え方の違いにあると言える。21世紀以前は寸法公差の表記が一般的であった。このため、2D図面の基本を習われた読者の方はほとんど寸法公差であったと思われる。

図2・5は内燃機関シリンダヘッドのイメージ図である。aに寸法公差表記、bに幾何公差表記を示した。寸法公差表記では、設計上の機能を持った点や線を基準とすることが多い。例えば、シリンダヘッド図面aの寸法公差表記では、燃焼室形状外形の円（穴）中心を基準にすることが一般である。鋳造部品であるシリンダヘッドの燃焼室形状外形は真円とはならないため、中心は常に同じ位置が基準とはならない。すべてとは言い切れないが、一般に寸法公差では、基準の点や線を規定するために自

由度が存在する。そのため、基準を製造現場にゆだねることが多い。

その基準点、基準線は、例えば真円ではない円の中心点のように架空基準点であることから、製造現場の練度で製品の品質が決まることになる。寸法公差のよさは製造側に自由度があることである。だから、寸法公差中心で製造されていた時代は、現場レベルの高い日本が圧倒的に製造品質を誇ることができた。

これに対し、幾何公差は一義的に決まる幾何学的基準を用いた基準点や基準線を中心に公差を表記している。このため、図面と現実のモノの2次元位置関係が1対1となり、明確である。

例えば、鋳造時のノックピン中心を基準点とすることで、製造された実際のモノ上の幾何学的に決まる点からの公差指示ができる。造りで使われた点や線や円を基準にそこからの位置で寸法値を決める。このことから、加工ツールと検査システムが正確に機能すれば、幾何公差の図面で作られる製品はどこで作成されても、図面上の位置を指定することが可能となり、同じ精度品質のモノが生産される。

幾何学的に決まることから、技術者の練度の違いによって基準点が変わることはない。そのため、人間の介在なしに機械が図面を直接読み込むことも可能となる。例えば、3次元測定機（CMM：Coordinate Measuring Machine）、工作機械などの加工機が自動的に図面情報を読み込むMtoM（Machine to Machine）のためには幾何公差が基本であり必須となる。

世界各国では21世紀が始まるまでに普及が終わっているというこの幾何公差は、日本ではそれほど普及が進んでいない。従来の検査治具や加工ツールを使用し、すでに品質維持ができていたわが国の製造現場では、熟練された作業者が自由に使いこなしているその環境を捨てて、新たなシステムの導入が必要となる幾何公差へあえて移行することに難色を示したようだ。

このため、2D図面の幾何公差も遅れたと言われている。日本では大学での教育も寸法公差と幾何公差の2つの表記法を扱っており、日本の中では世界で進めた公差表記の変更目的を知らないためなのか、いまだ、幾何公差には統一されていない。

4—5年前、ある大学工学部の准教授クラスの先生と公差について話したことがある。その時、寸法公差と幾何公差の2つの表記法の存在を知ってはいるが、その2つは設計者の選ぶオプションと考えており、どちらでもいいと思っていると話されていた。筆者が、世界が幾何公差に変革している目的を説明したところ、目からウロコというような言葉を言われたのを思い出す。このくらい、幾何公差の必要性が知られていないことになる。

この公差の考え方は2D図面も3D図面も同じである。3Dモデルに寸法、公差を入力できるようになったのが21世紀に入ってからである。その寸法などの3D図面ルールのガイドラインが発行されたのは2008年である（SASIG 3D Annotated Model Standard、2008年10月31日公開）。現在、3D図面はこの幾何公差のみになっており、加工ツールと検査システムが正確に機能する幾何公差の図面はMtoM対応となり、製品はどこで作成されても、同じ精度の品質のモノが生産される。

このように図面の公差表記自体も工場が壮大なコピーシステムとなるための規格の1つとして準備さ

れ、日本ではまだ普及が終了していないが、海外ではほぼ終了したと言える。

日本の強みと弱み

２Ｄ図面の解釈レベルが高く、２Ｄ図面をもとに各現場がノウハウを込める製造方法によって、日本の製品の品質が高いと評価されたのではないかと考えられる。

日本の製造品質が高いという評価とその認識は、３Ｄ図面を用いたモノづくり環境が成立することで、効果的に良品質の図面通りのモノが世界のどこでも入手できることで変わることになる。図面の中に含まれる情報の充実が、製品の品質を決定することになるのだ。図面通りのモノづくりは図面情報でその品質を決めることが可能となり、最初にコピーマスターを設定する工場の対応が不要となった。そのせいなのか、最近ではマザー工場という言葉が使われなくなってきたと言われている。

第三章

モノづくりのデジタル化は本当に必要なのか

3・1　バーチャルモデルがコピーマスターになる

従来、モノづくりにはマスターモデルが存在し、それを正確にコピーする形で大量生産が行われてきた。形状のイメージ表現として2D図面が用いられ、造り現場では治具などの基準機器を用意し、形状の品質維持が行われた。基本となるコピーマスターはリアルなモノであった。そのコピーマスターがモノではなく、バーチャルモデルになることで新たなモノづくり改革が動き出している。それでは、どのような情報を持ったものがコピーマスターとなるバーチャルモデルなのか。そのことについて、説明したい。

形状のデジタル化と図面のデジタル化

コピーマスターは、まず形状が一義的に決まる情報を持たなければならない。すなわち、形状のデジタル化がモノづくり展開の最初になる。

2D図面のデジタル化は図面のデジタル化であり、形状のデジタル化にならない。

1960年代後半より、製造業の中で2D図面のデジタル化が始まっていた。また、市販の2DCAD（Computer Aided Design）も早い段階で普及が始まっていた。例えば、ロッキード社内用2DCADをIBM社の計算機とセットにした商品「CADAM」が1970年代前半に市販された。現在だから、当時を俯瞰(ふかん)した筆者の2DCADに対しての解釈を述べたい。

2DCADは、製図道具として普及していたドラフターの代わりの役割と、2D紙図のデジタル化を担うことであった。これによりデジタル化された図面は膨大な量の図面管理が可能となり、図面の検索、他の設計への流用など、非常に効果的であった。また、その図面の運搬はデジタルデータを入力した媒体を運べばよいことになった。その媒体もテープ、ハードディスクなど技術進化し、現在ではクラウド上にデータを保存することで持ち運び自体が不要となった。そして、2DCADの普及が拡がった。1970年代の当時より、すでに製造業の部品表、帳票などのデジタル化も始まっており、図面のデジタル化も併せて、製造業の初期デジタル化の時代と位置付けすることができる。

この2DCADは形状のデジタル化ではなく、図面のデジタル化だけの内容ではあるが、設計者も恩恵を受けた。例えば、どこを中心に図面を描き始めるかなどの図面レイアウト検討だ。

2D図面では対象物の表現を正面、横、上からの3方向から見る三面図を描く。各方向から見たこの三面図を紙に描く時、対象物の全体の大きさと紙の大きさも考慮した紙上の配置の検討が必要となる。2D紙図での製図経験の不足であったり、配置検討が不足すると、三面図の配置で形状表現が不完全であったり、製品の全体形状を図面化できないような未熟な図面ができあがることがある。このような時は、その配置を変更するために描き直すこともあったようだ。

ベテランの設計者は図面の描き始めの段階で、経験的に最終図面の配置をイメージできることから、見た目にも美しい図面レイアウトの2D図を作成することができる。「そのような図面配置の美しさに到達するのが設計者なのだ。」というような薫陶を、若い設計者へ伝えていたようだ。

これがデジタル図面だと、設計図面ができあがってから三面図の配置編集が可能となり、この便利さが設計者には好評であった。この2D図面の三面図配置を、図面完了の最終段階で描き直すことの必要性がなくなったことは、設計者にとって、三面図配置の検討から始まる図面のスタート時に悩む必要性がなくなった、ということでもある。作図という作業検討ではなく、本来の設計検討をスタートすることができるようになった。これは、ベテラン設計者から見ると若手設計者を薫陶する項目も減り、設計作業の劣化と見る風潮もあったようだ。なぜなら、設計作業の1つである図面の三面図配置の検討の技能を身に着ける必要がなくなったからである。このことから、設計作業の検討がスタート時の1つの検討項目であったが、本来進めるべく、設計検討が検討項目の第一の中心に考えることがようやくできるようになったのである。

このように図面の保管、レイアウト配置などに画期的な効果は上がったものの、2DCADはあくまで2D図面のデジタル化であり、製品形状のデジタル化ではなかった。

形状のデジタル化は3DCADで始まる

1980年代、2DCADの普及がまだ完了していない頃から3DCADの活用が始まっていた。3DCADシステムは、当初は自社内専用として航空機メーカー、自動車メーカーの設計用の3DCADとして、その開発が始まったと言われている。この3DCADデータは、部品の金型を製作する

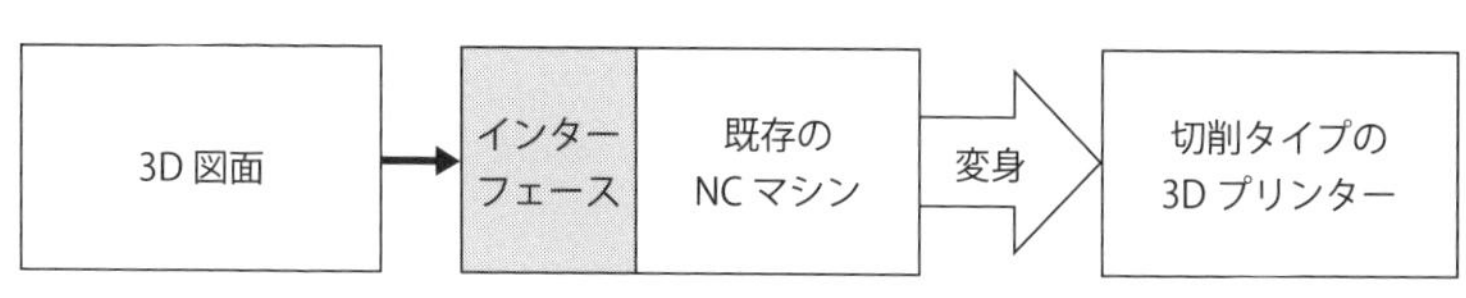

図3.1　3D図面と切削型3Dプリンター

ためのＣＡＭ（Computer Aided Manufacturing）データとしてモノづくりへ活用することが当初の目的であったようだ。また前章では、２Ｄ図ではモノづくり側に自由度が存在し「図面通りのモノづくり」が難しいことも示した。それでは、図面通りのモノづくりとはどのようなことなのかを説明したい。

３Ｄ図面が成立する前から、３ＤモデルデータをＣＡＭデータとして部品や金型製造などに用いる技術は40年以上の歴史があるだけに、さまざまな例を見ることができる。例えば部品切削では、直接３Ｄモデルデータを用い、３Ｄモデルの形状通りにＮＣ（数値制御）加工を行うことが可能である。

図３・１を見てほしい。切削加工の分野ではＮＣ加工機の読み込みインターフェースプログラムにその３Ｄモデルデータを入力すると、ＮＣ加工機の切削パス計算とティーチングが自動的に行われ、個々の切削部品が３Ｄモデル形状通りに製造される。これはある意味、３Ｄモデルの形状をそのまま切削する３Ｄプリンターとなる。３Ｄモデル形状を持つ３Ｄ図面がそのまま形状を表現するコピーマスターと言えるし、３Ｄ図面があれば、既存のＮＣ加工機は３Ｄプリンターへと変身したと解釈することができる。

このように図面が３Ｄ化されることで、形状がデジタルで表現され「３Ｄ図面通り」の形状にモノが造れるようになったのである。

造りのための新たなデータ格納

溶接工程では、3D図面に新たに設定・入力される属性情報を用いることで、図面が溶接の品質と強度をコントロールできるようになった。図面では溶接打点の位置の指示がある（**図3・2**）。この位置情報は2D図面でも3DCAD図面においても、同様の指示と言える。3D図面になって、3D位置表示の精度がよくなった。それにプラスして、大きく変わったことがある。それは溶接工程の造りの属性情報を持てるようになったことだ。

溶接打点に流れる「電流値」「電流の流れる時間」などを3D図面に属性情報として格納できる。溶接の板組などは2D図時代から図面指示はできたが、3D図面を直接読み込んだ溶接マシンは溶接の電流自体が規定されているため、各打点の品質と強度もコントロールできる。3D図面を読み込むことで、設計の意図した機能を持った溶接部品が図面通りにできあがることになる。

このような内容は溶接打点の活用例だけではなく、他の領域でも拡がっている。例えば、シーリングマシンを用いたシーリング材の塗付で、そのボリューム、長さ、位置などの情報を3D図面の中に持つことが可能である（**図3・3**）。シーリングマシンは3D図面を読み込むことで、いつどこでシールしても、同じシーリング機能の製品になる。

このように3D図面に格納された造りの属性情報を用いることで、いろいろな機械が同じ品質と同じ機能の製品を製造することになる。捉え方を変えると、設計段階において造り工程の中で必要とす

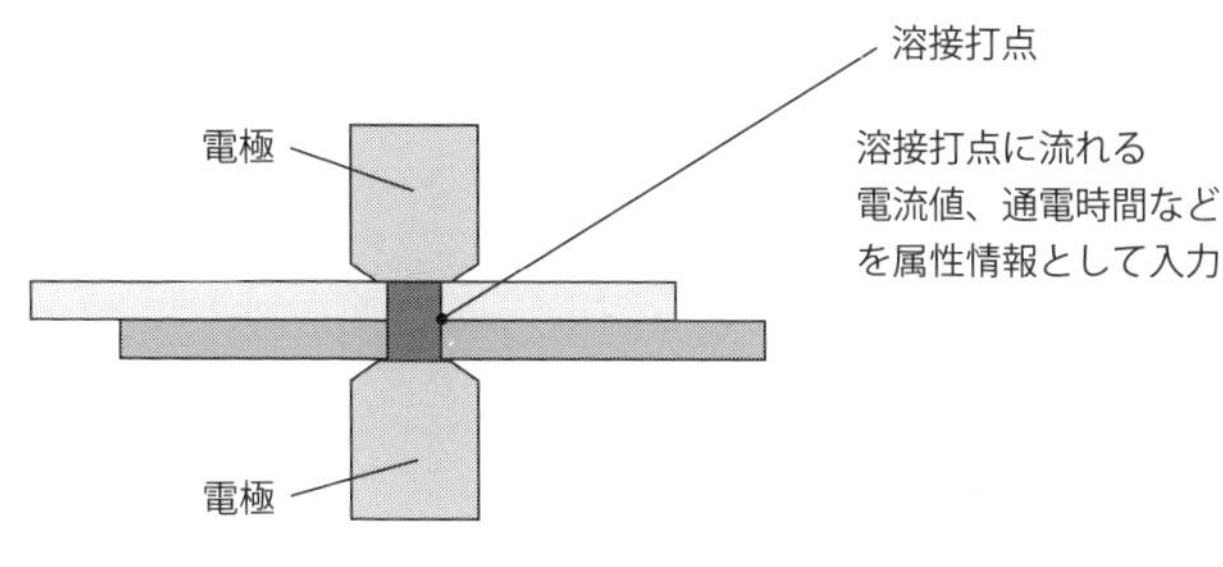

図3.2　溶接打点情報

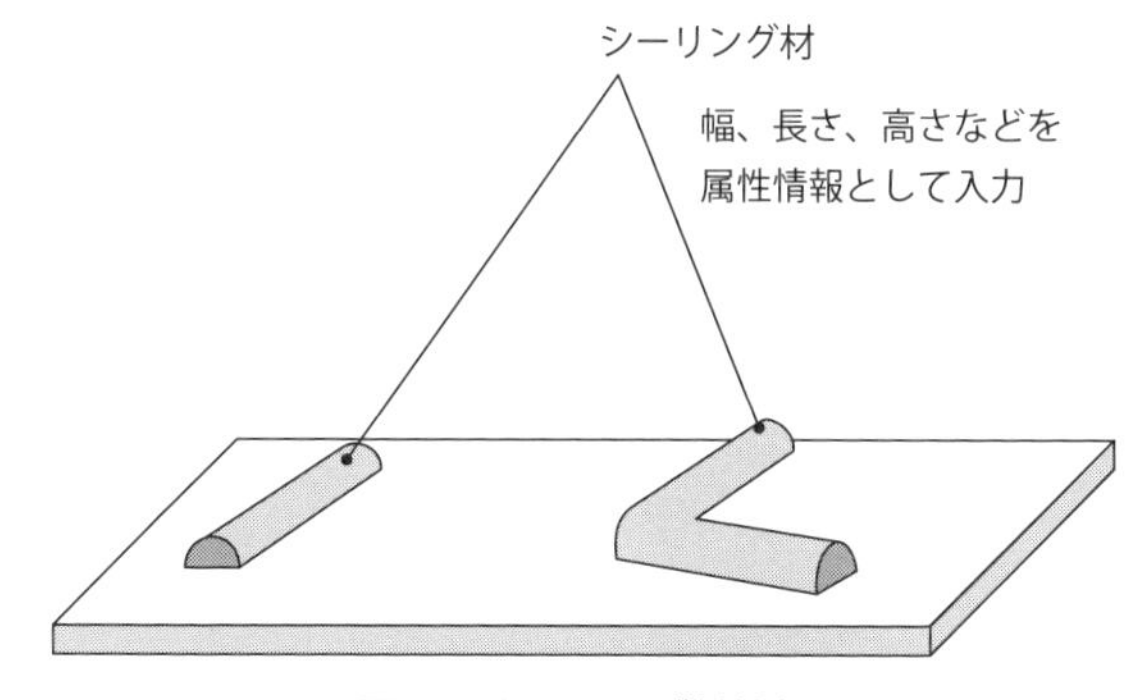

図3.3　シーリング材情報

る属性情報を正確に設定し、３Ｄ図面に入力することが、造り技術となる。設計段階では製品の機能仕様の設計だけでなく、製造工程の詳細要件の設計も行われることになったと解釈できる。この属性情報の活用が新たなモノづくり技術であり、モノづくりのコアであり、製造技術と言える。

形状のデジタル化が行われた段階で、コピーマスターがリアルのモノからデジタルのバーチャルモデルに変革されたことになる。これだけだと、単なる形状のデジタル化ということであり、従来のモノのコピーマスターの形状がデジタルになっただけで大きく変わらないとも受けとれる。これに造りのための新たなデータが格納されるようになり、製造機械をコントロールする情報を持つことで図面の機能が増え、世界のどの製造所でも、同じ品質、同じ機能のモノづくりが可能になった。すなわち、これは３Ｄ図面がモノづくりの形状のコピーマスターとなったと言えるのだ。

従来、日本の製造品質が高いという評価とその認識は、２Ｄ図面を用いた時代の評価から来ている。３Ｄ図面を用いたモノづくり環境が成立することで、必ずしも、日本製品ではなくとも、効果的に良品質の「図面通りのモノ」が世界中どこでも入手可能になるという認識に変わったことになる。

3・2　設計機能仕様のパフォーマンスのデジタル化

解析ソフトウェアであるＣＡＥ（Computer Aided Engineering）が研究室レベルの技術から一般に市販され始めたのは、１９６０年代である。その後、半世紀以上経過したＣＡＥ関連の技術は、機能解析、設計仕様の検討などに活用の範囲を拡げてきた。そのＣＡＥの解析技術を用い、設計仕様の持つパフォーマンスを物理現象として理論的にデジタル表現することが可能になった。また、現在のほとんどの製品には制御プログラムが組み込まれている。制御アルゴリズム指示による製品の３次元挙動も機能として設計される。このことから、制御設計と３Ｄ形状が融合した検討が現在では設計段階で行われ、その挙動も含めた機能をデジタル表現されるように、世界的に一般化しつつある。

例えば、制御設計には、実物には存在する部品変形や機構の慣性力による制御遅れまでは従来は考慮されなかった。このため、制御設計の検証、確認は実際のハードウェアの（リアルな）物を用いて行われていた。2010年頃より、3DCADモデルを用いたシミュレーションを活用し、変形や機構上のクリアランスからくる制御遅れを加味した挙動のデジタル表現が可能となった。

要は、3Dモデルを活用したシミュレーション結果で表現された、機能仕様のデジタル化である。ここでは、産業用ロボットのような大きなものから、製品に組み込まれる小さな制御機構モジュールまで、形状のデジタル化と機能のデジタル化ができたことになる。

3・3　造りノウハウのデジタル化

従来、造りには現場での微妙な作業経験が必要となることから、形状のデジタル化や、原理・原則で表現する機能のデジタル化だけでは、モノができないと日本の造り現場からよく声があがる。その理由が「匠のワザ」と言われている〝暗黙知〟による造り技能の活用であると思われる。匠のワザは現場の誇りでもあり、「匠」という言葉の持つ哲学的な響きが、モチベーションにつながるようだ。それが日本のモノづくりの品質をリードしてきたのも、あながち、否定できないことではある。

このプライドも含めた雰囲気はある意味、日本のモノづくりの高い競争力の源泉であったのだろう。だから、匠のワザという現場の誇りを否定はしない。ただ、この「匠」という哲学的な響きが現す暗黙知を大事にしてきた日本としては、その形式知化へはほとんど対応してこなかったという事実に「匠」という言葉の責任を感じる。匠のワザと呼ばれる不可侵領域における暗黙知を形式知化したノウハウは日本では進まなかったが、世界では造りノウハウの形式知化はデジタルの登場とともに取り組まれていたのである。

工場、各工程製造機器の挙動をシミュレーションでデジタル化

シミュレーションを用いた設計の機能仕様のパフォーマンスによるデジタル化について説明したが、同様に工場、各工程における製造機器の挙動をシミュレーション（CAE、CAM）を用いたデジタル表現が可能となった。個々の製造機械の機構は原理・原則に従った動きをする。このため、CAMとCAEを連携し、製造部品の材料特性も含めた物理現象をシミュレーション解析にて、理論的な挙動のデジタル化表現を行う。これにより製品の設計段階で工場の各工程における製造機器の挙動がわかることから、品質を含め量産の製造検討が可能となる。この製造機の解析モデルは製造機メーカーやCAM解析アプリケーション提供のベンダーから有償で提供される。

工場、各工程製造機器の挙動を計測デジタル化

造り現場の製造機器の挙動を計測し、製造機器の持つ固有の動きを統計データとして管理すること

ができるようになって、30年ほど経つ。製造機器もある意味では量産製品であり、造りのバラツキが存在する。一般の量産品とは違い、工場設置時、メンテナンス時などには、必ず挙動コリレーション、修正などの調整の上、稼動させる。そうは言っても、装置のクセのような動きが存在することは致し方ない。この製造機器のバラツキを把握し、正確なモノづくりを進めてきたのが日本の現場力と言える。

現在では、この製造機器の持つ固有の動きをデジタル化し、それを把握した上で製造指示を出せる。これは原理・原則の物理現象の環境補正である。具体的には「造り現場の環境条件補正」「製造機器の持つ固有挙動補正」「材料特性値等の補正」などがあげられる。環境条件の違いの例では、気温は1日の中で朝昼夕、冬と夏の違いがあり、そのため、かつては季節ごと、なおかつ、1日の中で製造機器調整もあったようだ。量産品質を検討する際、その品質を保持するための機器調整の補正の時期、頻度などが製品の設計段階で明確にできることになる。

また、現場エンジニアが部品と製造機器に対応する現場のスリアワセノウハウや、工場の環境違いによる材料特性変化などの統計データも連携分析し、一言で表せば、匠のワザ（暗黙知）の形式知デジタルデータ化とも言える。製造機器のクセ、材料特性など、バラツキを考慮しながら現場で行っていた高い品質の製造技術のデジタル化は、日本の匠の暗黙知の形式知化と言える。これらはデジタルデータドリブンによる造りの品質をコントロールする製造品質管理である。

3・4　モノづくりのバラツキ影響を加味できるコピーマスター

　これまでコピーマスターはモノそのものの形状マスターであったが、機能パフォーマンスのデジタル化が可能となったことから、コピーマスターの内容にも機能パフォーマンスが追加されることになる。

機構による遅れ時間を算出

　制御アルゴリズムの3次元挙動を3Dモデルを用いて表現できるが、当初は、回転部位の隙間なく、変形のない剛体としての動きであった。3D設計では公差解析が一般的に使われるようになってきた。公差解析は、部品の持つ公差を複合部品の組み合わさった時の累積公差（バラツキ）を算出する解析法である。この解析結果を用いた機構解析を行うと、稼動部位での累積公差のガタ成分を考慮した挙動の遅れと変形からくる遅れを加味した制御遅れ時間を算出することができる。これにより3Dモデルで形成されたバーチャルモデルでは、量産公差範囲で生じるバラツキを考慮したリアルな部品の動きを正確に机上で算出し、表現することができる。

　これに対し、試作物のほとんどは公差範囲を考慮しない寸法表記のノミナル値（称呼値）で作られているため、実物の試作物では製造の累積公差のバラツキ検討まで行われていないだけでなく、できない。従来は、公差範囲の1つの仕様にすぎないものがコピーマスターとなっていた。量産時の製造バラツキを考慮可能なバーチャルモデルを用意することで、寸法公差の最大と最小時の挙動の比較検証を行うことができる。それがコピーマスターとして活用されることになる。

バーチャルモデルが過剰な機能補償を減らす

「設計からモノづくり」という流れを逆から見ると、製造バラツキを量産現場で計測することで、バラツキが例え存在しても、機能をコントロールする機能品質保証をもたらすこともできる。設計時にガタ成分の遅れ時間を機構解析と公差解析で求めたが、逆に製造時の個々の部品の計測でこのガタ成分を求めることができる。このガタ成分から製造中の個々のモジュールの遅れ時間に換算することが、設計時のシミュレーションデータから求めることができる。

例えば、制御の遅れ時間に影響を与える軸受けなどの勘合部を測定することで、製造中の個々のモジュールのガタ成分がわかり、目的とする制御機能からの遅れ時間のズレが求まる。制御設計段階で考慮した遅れ時間と同じ扱いをこの計測から求められたガタ成分に行うと、製造中の個々のモジュールの遅れ時間が求まる。

制御設計仕様に対して、バラツキを持つ実際の量産物の遅れ時間を設計段階で事前に解析した遅れ時間を補正値として使うことで、この補正値を個々のモジュール制御用ＥＣＵのデータテーブルに、製造時に入力する。これにより、実際の制御は目的の制御機能を保証することが可能となる。製造中の検査結果で実機のバラツキ成分を測定、把握することで形状品質ではなく、機能品質保証が可能となる。

コピーマスターがバーチャルモデルになることで、製造の累積公差を加味した機能保証が可能となる。従来、実物の試作物をコピーマスターとしていた時代には、製造バラツキを考慮できないモノづくりを行っていたことになる。そのため、機能保証を求めて、形状品質に過剰な精度要求がされていたことになる。

第四章

デジタルデータの
コピーマスターは
新しい話ではない

半世紀前、カメラのレンズのコピーマスターがリアルからデジタルに代わっていた。この技術は非球面レンズ、二重焦点レンズなどの新しい造り方と新たなビジネスとして成長し、メガネ屋や眼科医によるメガネレンズの発注がカスタマイズ化されるに至っている。デジタルデータがコピーマスターになった例の1つとして、光学レンズ分野の動きを紹介する。

4・1　光学レンズの機能が変わるイノベーション

光学レンズは昔から、ドイツ製、日本製などのブランドイメージが強い。その製造はレンズ磨き、精度合わせ、色収差対応などのまさしく、匠のワザの世界による高い品質で生まれてきたようだ。従来、レンズは正確な球面で形成されている。基本的に球面状の削り型でガラス体を研磨して作られていた。球面レンズは削り型を円形運動することで切削する。金型モールドなどのレンズ作成が一般的になったが、現在も一部のカメラの高級レンズなどは昔ながらの研磨法で作られている。

レンズは中心付近と周辺の厚さが違うことから、通過する光の波長の違いにより焦点が変わる。具体的に波長の長い赤色と波長の短い青色では焦点の位置が変わる。これを色収差と呼ぶ（**図4・1**）。その補正のため、凸レンズだけでなく、凹レンズを重ね、色収差の出ないように設定されたレンズ群となっている（**図4・2**）。だから、焦点距離を合わせるための精密な調整機能技術とレンズ製造技術を合わせた精密工学品という高価な製品となっていた。現在でも高級一眼レフのレンズはカメラ愛好

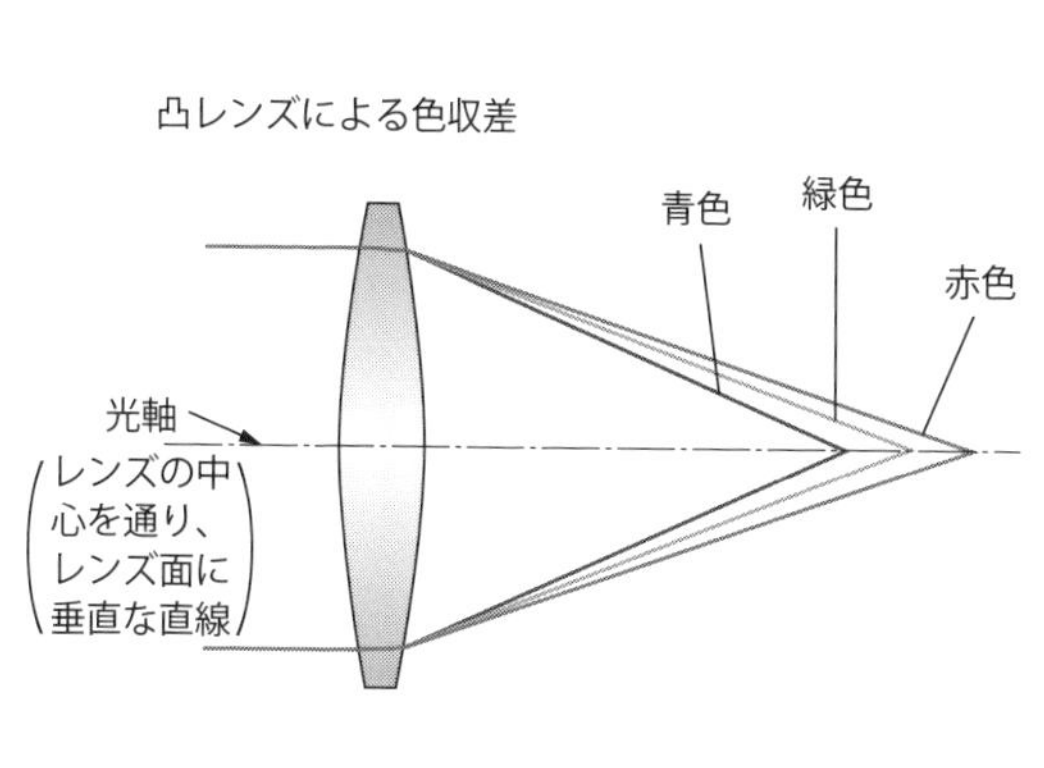

図4.1　色収差による焦点の違い

図4.2　レンズシステム

者の垂涎の的となっている。

4・2　夢のレンズが大量生産へ

1970年代、新たなレンズの設計と製造が始まった。それは周辺と中心のレンズ内の光経路距離を同一にするように凸レンズと凹レンズの組み合わせが行われていた代わりに、非球面のレンズで色収差などに対応するという考え方である。レンズを通して見ると、レンズの周辺を通過する光と中心部を通過する光のレンズ内通過距離が違うことから、見ている像が歪んで見えることがある。これが歪曲収差と呼ばれるものである。各部位を通過する光が焦点を結ぶように曲面形状を球面ではない形状に設定するのが非球面レンズである。非球面レンズは色収差の解消だけでなく、歪曲収差の解消も行われることとなる（**図4・3**）。

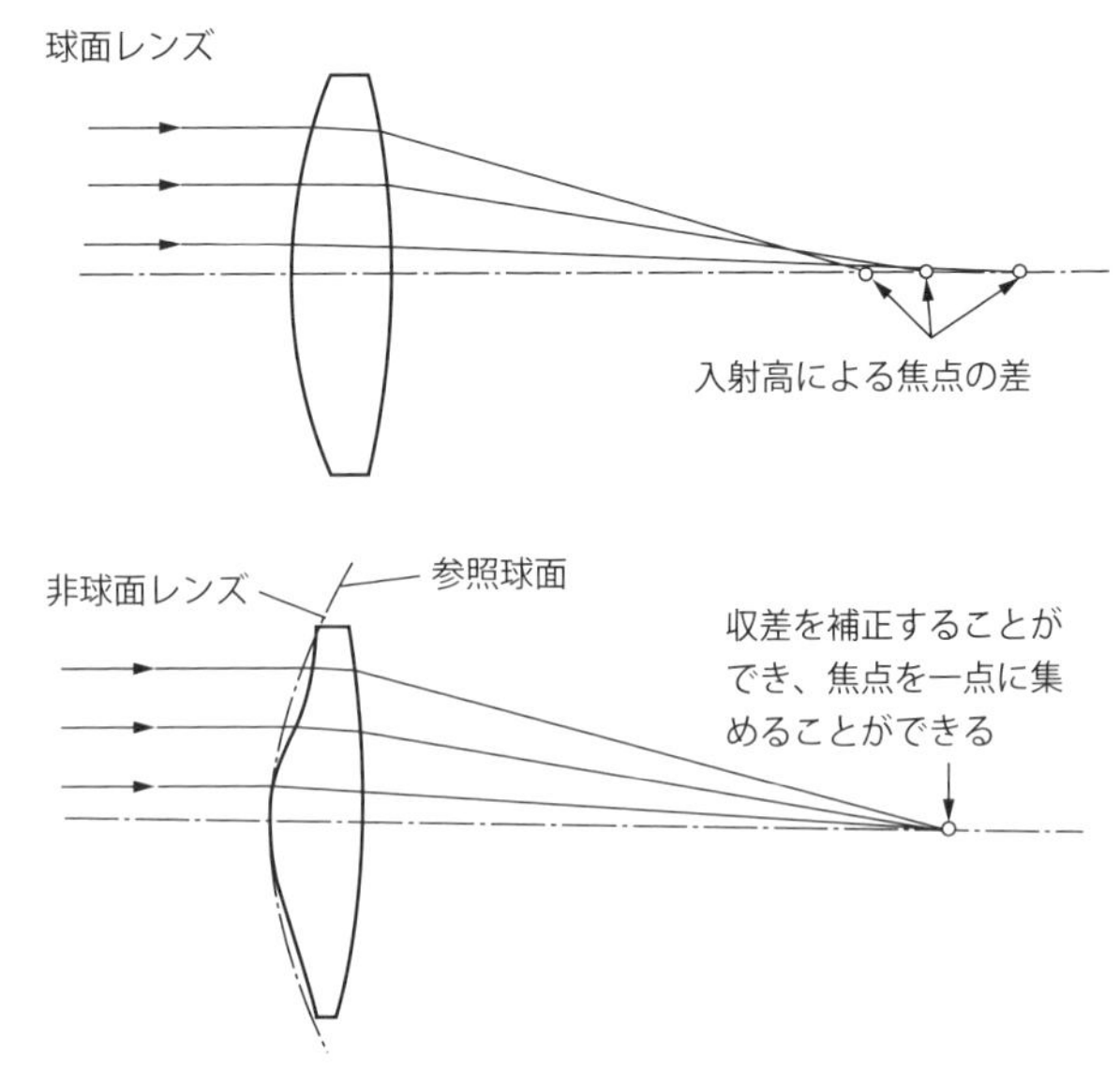

図4.3　球面レンズと非球面レンズの焦点

この非球面レンズを匠のワザを使わず設計通りに製造する技術を確立すると、求める機能の非球面レンズ形状を自由に設計できるようになる。色収差、歪曲収差に対応した非球面レンズは設計段階で光学の解析計算を行うことで形状を計算で決めることができるようになる。

従来、レンズ研削職人の手作業で非球面レンズを作成したこともあるが、技巧品でもあり、品質と機能のコントロールもできない上、大量生産はまったく考えられない代物であった。

これが自由に製造できることから、設計側の自由度が上がり、色収差、歪曲収差、光軸などをコントロールした形状を設計できるようになったことになる。

読者の皆さまはパワーポイントのプレゼン

などに活用されているプロジェクターからの光が、中心からではなく、レンズの端から出るのを見たことはないだろうか。これまでの常識では、端から出てくる光なので歪曲収差が起きてしまうのではないかと思うが、違和感のない画像がプロジェクターから映し出される。このプロジェクターに使われているのが非球面レンズである。現在ではスマートフォンのカメラレンズなど、その活用は非常に広範囲となっており、レンズのイノベーションと言えるほどだ。

球面レンズは高級な一眼レフのレンズに採用された。作り方はベテランのレンズ技術者によるアナログ研磨で作られ、一種の匠のワザの集大成のような、一品仕上げの芸術的製品であった。これが1970年代初期である。

図4・4を見てほしい。21世紀に入りアナログカメラが衰退し、デジタルカメラに代わっていく。そのデジタルカメラも2010年前後をピークとしてスマホ内蔵のカメラの普及から、カメラ本体の出荷は減っていくことになる。このスマホも含めた現代、使われているカメラレンズのほとんどは非球面レンズである。その非球面レンズの量産化が1970年代前半にスタートしたが、それについて説明していく。

球面レンズは削り型を円形運動することで切削研磨可能であり、量産が可能であった。それに対し、非球面のレンズは一品仕上げであればなんとか人間の手で作れたが、表面形状が球面レンズとでは大きく異なることから量産ができず、新たな製造法、製作システムが必要となる。

量産化は、壮大なコピーシステムと前述してきた。球面レンズは削り型を円形運動することで削り

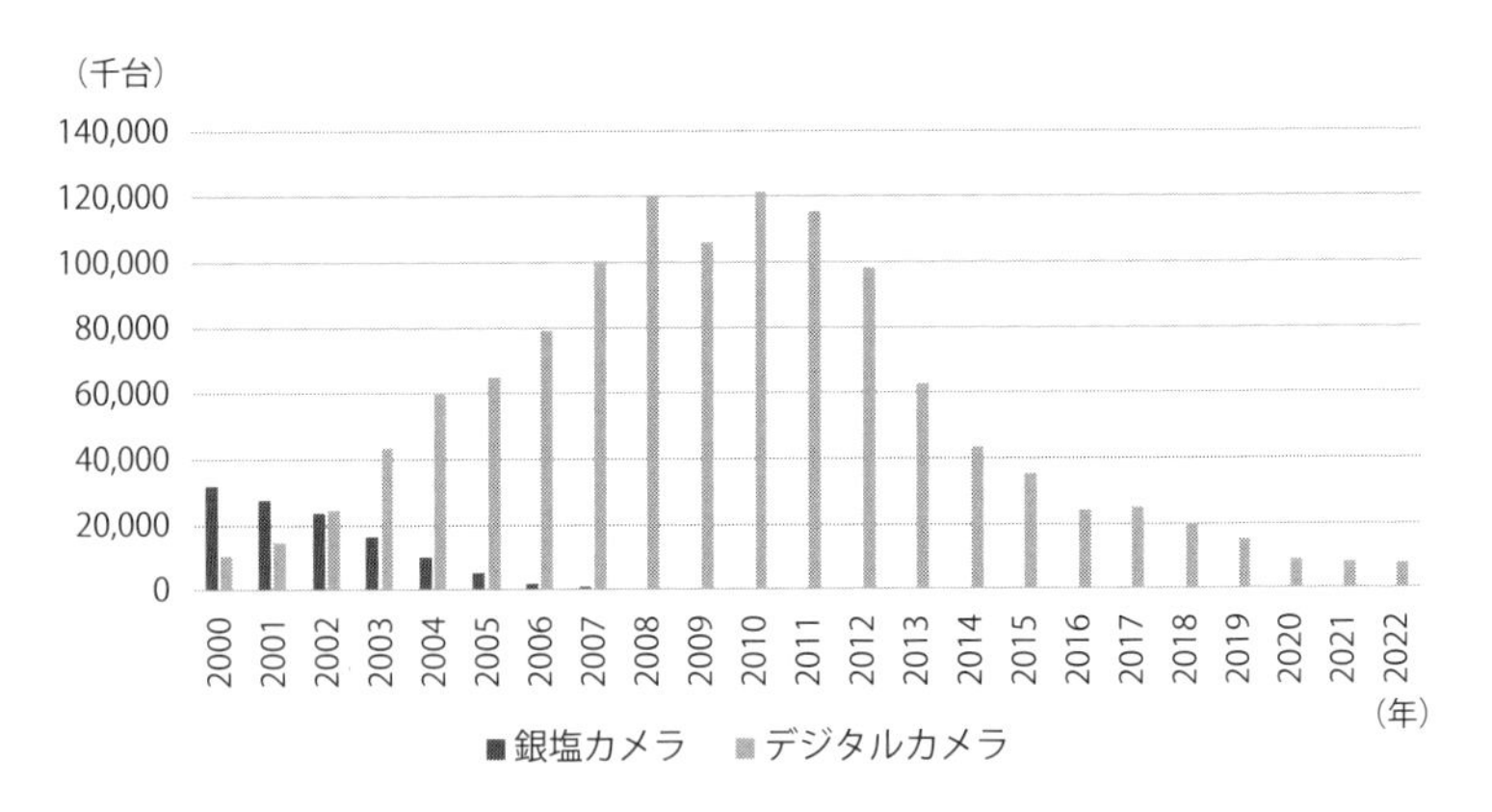

注：銀塩カメラの統計は 2007 年まで
出典：一般社団法人カメラ映像機器工業会の統計から作成

図4.4　カメラの出荷実績

型の表面形状をコピー転写していることになる。この削り型がコピーマスターなのである。だが、非球面レンズでは円形運動する削り型を用いては造れないのである。

非球面レンズの量産化にあたり最初に課題となったのが、コピーできるリアルな形状の対象物が非球面であることから、リアルな物体としてのコピーマスターが存在しない点である。このことから、コピーする対象物は計算上のレンズ表面であり、実体のないデジタル形状が量産コピーのマスターになる。そうは言っても、1970年前後は先進的技術の導入が進んでおり、球面、平面の光学面の処理を匠のワザに任せた時代はすでに過去となっており、加工プロセスはロジカルな技術が備わっていたのである。その加工プロセスの技術を用い、コピー対象をモノからデジタルデータに変革したのである。

最新の技術を用い、量産モノづくりのコピーマスターがモノからデジタルに初めて代わった時である。

量産する非球面レンズのガラスなどの材料にコピーする形状は、計算式で作られたデジタルデータで形成された非球面の曲面であった。他の量産製造品にもコピーマスターがデジタルになった例があるのかもしれないが、現在のスマホカメラ、プロジェクターなどへの波及効果の大きさから、イノベーションの例として非球面レンズを取りあげ、コピーする対象物がデジタルデータになったことを説明してきた。

レンズ表面の曲面は関数で表現され、その曲面を切削、研磨することで非球面レンズができることになる。ここで必要なことは一般のレンズ表面精度はnmオーダーである。これに対し、当時の製造業で高いとされる精度でも㎛オーダーであった。匠と呼ばれる人たちが手の先で感知できる段差が1㎛と言われる。nmはその㎛より3桁小さいオーダーの精度である。その精度で切削研磨することになった。すなわち、匠のワザのオーダーより3桁も精度の高いモノづくりへの挑戦であったのである。

4・3　シミュレーションを駆使した製造装置の設計

人の限界を遥かに超えるnm精度のモノづくりを実現するため、切削加工装置の新たな設計とその製造が1970年前後に行われていた。

切削加工装置には次のような要件が存在する。まず、被削材・工具の相対位置の確保がnmオーダー

で必要になる。そのために、
○被切削材と工具が高精度に滑らかに相対運動すること
○その相対運動を行う時に強制振動を抑制すること
○被切削材と工具を固定する台、チャッキング部位の高剛性・高減衰性であること
などにより、変形、変位、変動などの抑制が必要となる。

要は、nmオーダーでのビビリ振動などの低減を行うことが必要なのだ。

また、切削加工装置の動きを把握するための正確な計測システムが必要となる。その測定環境である切削加工装置を設置している場所の温度管理も行う必要がある。熱による環境変化を抑えるために、設置場所だけでなく部材の温度管理も必要となる。例えば、鉄材などは人の手で触っているだけで、1μmぐらいはすぐに変わってしまうので、それより3桁小さいnmオーダーのモノづくりの大変さがわかるだろう。

一般的にこのような製造機械を設計するための考え方は、機構要素技術／システム化要素技術／計測システム、計測結果の対応制御技術／工場内の雰囲気環境制御技術などのすべてがnmオーダーで成立した上で、モノづくりとその制御を行うことができるように全体を俯瞰(ふかん)したシステム設計となる。

4・4　インプロセス計測による高精度造り管理技術

製造装置だけでなく、工場ラインでのインプロセス計測による高精度な品質の管理技術も構築されたことになる。現在では製造現場のラインの中（インラインのプロセス）で計測しながら製造することが一般的に行われるようになったが、ラインで使うことの計測技術の確立、その計測データの活用方法も含めたインプロセス計測の確立が必要であったことが言える。例えば、表面品質計測／評価技術／形状精度計測技術／プロセス対応計測技術などが、非球面レンズ製造に伴う検査方法として技術構築されたようだ。

今から50年以上前の１９７０年であるから、当時はテスト解析を行いながらこれらの設計仕様を決めたと考えがちであるが、このnmオーダーでの精度では、量産前の試作物の製造精度、テストの再現性を含め、テスト解析による検討は不可能であったと言える。そこで、シミュレーションを多用した手法による設計検討を行ったようだ。

設計計算による仕様検討はそれまでも当然行っていたことであるが、切削加工装置の各部の動き、切削加工装置や切削対象物の変形、機構挙動と振動も当時の最新技術で設計検討を行ったことになる。現在であれば、ＣＡＤ／ＣＡＭ／ＣＡＥを用いた詳細検討の手法が存在し、簡便に検討できるが、それ以前に行われた設計検討はさぞ大変であったと推察される。

１９６０年代にはすでに解析技術は存在しており、構造・振動解析シミュレーションや熱伝達・変形解析シミュレーションを行ったようである。解析用のプログラムなどの市販は行われていたようだが、意外なことにＣＡＥ（Computer Aided Engineering）という言葉の登場が１９８０年と言われており、その10年以上前に計算を駆使した設計検討を行ったことになる。

このような高度なシミュレーション技術と計測技術の結果、１９７０年代半ば、切削により量産された非球面レンズが市場に出ることとなった。

製造技術、検査技術などが新たに開発、構築されたことで、コピーマスターがモノからデジタルデータとなったことになる。それほどの大変革が行われたのだ。最先端技術を集め、それらを駆使し成立させ、イノベーションの幕開けである。

このような技術を構築すると、コピーマスターを実物からデジタルデータへ変革できるとも言える。これらの製造技術、計測技術を用いた製造品の品質確立技術は半導体製造技術へつながったと言われる。半世紀前の日本で始まり、そして実際に行われていたのだ。

次の対応として、非球面レンズの製造は型での量産化が始まる。これは非球面のデジタル形状のレンズを削る技術が生まれたことから、非球面のレンズを作成する金型もデータをマスターにしたデジタル切削技術で作成が可能となる。１９８２年頃に金型を用いたプラスチック材料のモールド成形非球面レンズの量産化が、１９８５年頃にはガラス材料のモールド成形非球面レンズの量産化が始まった。これらの技術により、より安価な非球面レンズの量産化への動きが始まることになる。そして、スマホ、メガネレンズにも応用されている型を用いたモールド成形されたプラスチックレンズが一般的となったのである。

4・5　一般的なモノづくりと時程比較

一般的なモノづくりの流れを見ると、コピーマスターのデジタル化が始まるのは3DCADの普及により、図面の3D化が始まる1990年代半ばである。1980年代、2D図面のデジタル化が、1990年代に入り設計の3D化が始まる。これにより形状のデジタル表現が可能となった。

2Dのデジタル化は図面のデジタル化であるが、3Dのデジタル化は形状のデジタル化である。この設計図の機能は大きく変革することになる。同時に、図面に持たせる情報と活用ルールの進化により、従来の寸法情報だけでなく、製造機械のコントロール情報や製品の機能パフォーマンスを表現するデジタル情報も含まれるようになった。この最新技術とほぼ同じことが、3DCADシステムが登場する前に行われていたことになる。

非球面レンズの量産製造ではコピー対象がデジタルデータで表現された曲面であり、それが1970年代前半には始まったことになる。3DCADを用いる一般的なモノづくりよりも約20年早く、デジタル化が始まった。

驚くべきことは、非球面レンズの生産工場のシステム設計においては、シミュレーションを用いる

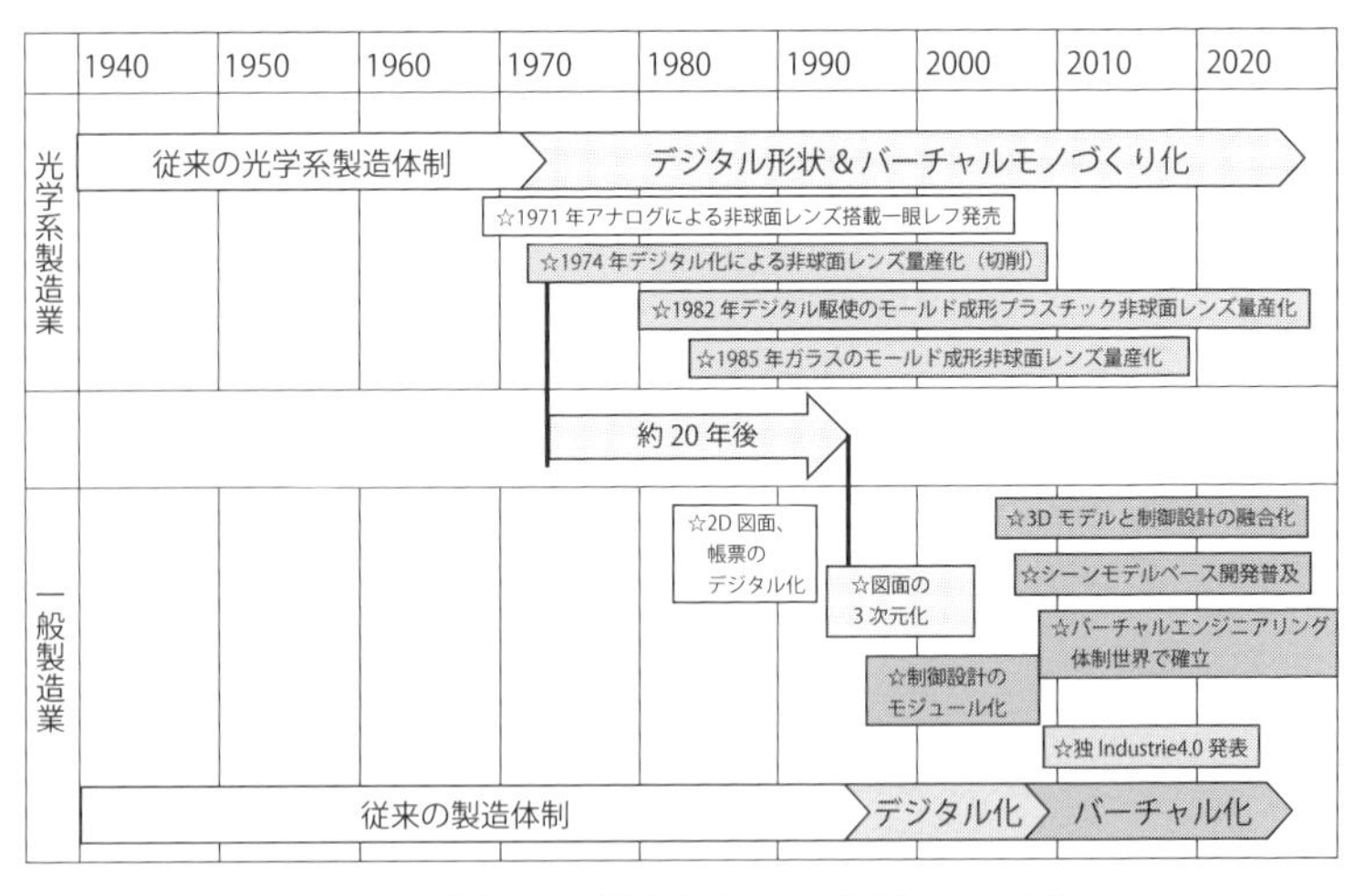

図4.5　デジタルを駆使したモノづくりシステム

のが当たり前となっていた。21世紀に入ってから一般的になったCAD／CAM／CAEの機能を駆使した検討とほぼ同様のことを、有限要素法と連立運動方程式を設計の中でプログラム化した検討が行われたことになる。少なくとも、CAEという言葉は存在せず、3DCADも存在しない時代に設計者が仕様検討を行っていたのだ。

このデジタルを駆使したモノづくりシステムはその後、半導体生産技術へつながり、一時、日本が世界を席巻したことは周知の事実として知られている。この流れを**図4・5**にまとめた。上側に光学系製造業の動き、下側に一般製造業の動きを記載した。光学系製造業では1970年代前半には、すでにコピーマスターがデジタルになっている。一般製造業では3DCAD普及によるデジタル化が始まるまで20年も前の話だ。

この当時の光学レンズ製造の検討体制に、CAD／CAM／CAE／PLM（Product Lifecycle

Management）の揃っている現在の設計環境が存在すると、当時の検討内容をはるかに超えたとんでもないほどの設計・開発のアウトプットが得られていただろう。40年ほど前、整っていない技術の中で、当時の技術者が集まって知恵を出し、イノベーションを巻き起こしたことの内容は大きく、現在にも続くほど、他を圧倒していた。そのような大きな効果を、現在の技術環境は、一般技術者が日常茶飯事に行うほど簡便化され、大きく変革し普及されている。それが、世界で行われている開発・モノづくりのビジネス体制であるバーチャルエンジニアリングの社会環境と言える。

4・6 マスカスタマイズ製造も可能になった生産コピーシステム

その後の話を記述し、この章をまとめたい。

一般の生活の中でマスカスタマイズの例を、メガネレンズで見ることができる。2重焦点（遠近両用）レンズを用いられる方はご存知と思うが、メガネ屋や眼科の病院で調整しメガネを発注し、レンズは製作され、納入される。境目のない2重焦点となっていることは、この形状が非球面レンズであり、40年前には存在しなかったレンズである。

このレンズの形状はデジタルで表現されている。顧客ごとに焦点を修正、強化コーティングなどの表面処理、成形などを行い顧客に届けられる。これは個人ごとに製造されるレンズの完全な〝マスカスタマイズされたモノづくり〟の結果である。

　こうして見ると、工場とメガネ屋、眼科と顧客の間に非球面レンズのマスカスタマイズ体制という市場システムができあがっていることがわかる。デジタル形状をそのまま製造することが可能になったから、このようなシステムが成立したことになる。

　モノづくりのデジタル化はデジタル形状のコピーであり、コピー対象がモノの場合は、従来の匠のワザを継続したモノづくりと言える。

第二部

変化を捉える力
“ダイナミック・ケイパビリティ”

急激な世界の変化の中で、日本の自動車産業も大きな過渡期を迎えている。隆盛を誇った自動車産業は、新たなプレイヤーの出現や競争軸の変化により、強烈な生存競争に突入している。

多くのモノづくりに関わる企業は、確かな技術、技能を持ち、また実直に誠実に〝モノづくり〟を行ってきた。それにも関わらず、とてつもなく緊張感のある生存競争にさらされているというのは何か納得いかないような気がするが、現実に起こっている事実である。私たちはどこかで何かを間違えてしまったのであろうか?

雑誌「Ｗｅｄｇｅ２０２２年6月号」（ウェッジ発行）において、「変化は常に起こる　自らを、企業を常にアップデートする」というテーマで京都大学経営管理大学院客員教授の山本康正氏は次のように述べられている。

『世界では今、大きな地殻変動が起きている。日本企業や日本人が認識すべきなのは、①旧態依然としたビジネスモデルでは生き残れないこと、②高いシェアを持つ大企業ではなく、変化できる企業が生き残ること、③自分たちも常に変わらなければならない危機感を持つこと、という3つの認識と、ベンチャースピリットが必要だ。』

『専門家や、成功体験がある人にとっては、現状が「コンフォートゾーン（居心地が良い場所）」になっている。やはり、そこから飛び出さないことには、新しいことは見えてこない。』

筆者（鈴木）は、板金プレスの成形シミュレーションを提供する企業で、自動車業界を中心とした

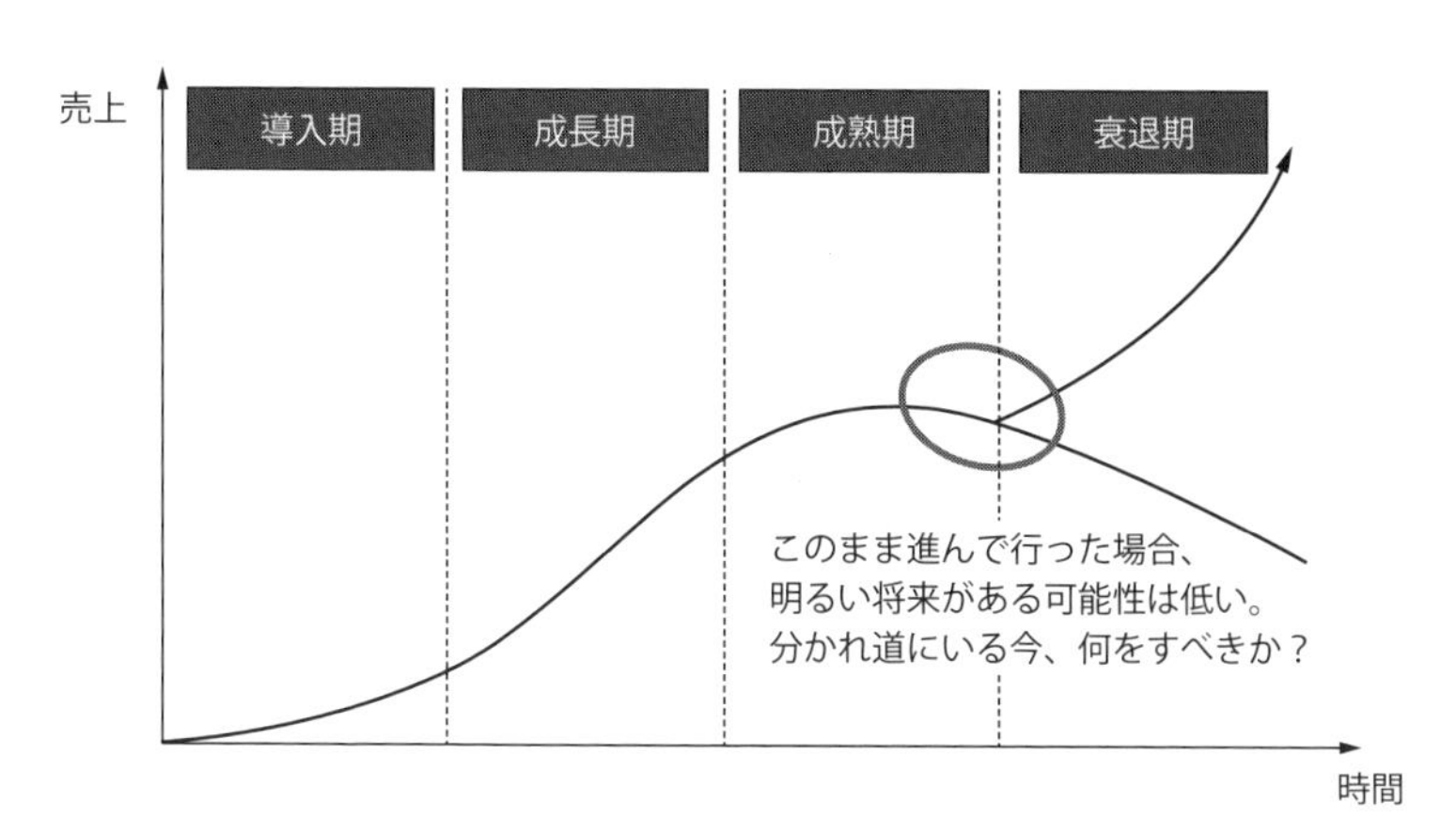

図　金型メーカーの成長ステージと将来

製造業の中の板金プレス金型に関わる多くの企業に対して、製品の販売と活用支援を行ってきた。この業界に携わり始めた２００６年頃は、日本には世界に名だたる金型メーカーが確かな存在感を持っていたし、事実として当社の最大の顧客群であった。

しかしリーマンショック以降、自動車、部品メーカーの海外移転の加速、繰り返される急な為替変動、中国、韓国などの競合金型メーカーの台頭など目まぐるしい変化の中で、日本の金型業界は衰退期に突入している。１００年に１度と言われる大きな変化を迎えている自動車産業の中で、日本の金型産業は、徐々にシェアを落としてきてはいるが、企業単位で見ればこの変化を機会として成長を果たすことのできる企業と、逆に変化をそのまま脅威として受け取りこのまま衰退してしまう企業とに大きく分かれ始めている状況である（**図**）。

この苦境を乗り越え、再度日本の金型メーカーが世界で勝ち抜き、成長を達成するにはどうしたらよいのであろうか。中には、将来の暗い見通しに目を伏せ現実を見ないようにしている企業もあるかもしれないが、多くの金型メーカーの皆さんは、「どうしたらよいか」という問いへの答えは自身で持っている。だが実際には、その答えの通りに実行できない、個人ではわかっているのだが組織として実行できないことが苦しみのようにも見受けられる。

それでは、なぜ実行できないのか、実行するためには誰が何をしていく必要があるのかを、考えてみたい。

第五章では、金型業界の状況とその状況変化を引き起こした外部環境としての技術の変化、そしてそれが何をもたらしたのかに触れ、第六章では、変化への対応とその中でどう生き残っていくのか、企業人のマインドにフォーカスしながらまとめてみたい。

筆者の経験をもとにした内容のため、プレス成形シミュレーションを提供してきた企業としての視点で、かつプレス用金型を中心とした非常に特化した内容になっている。さらに、その経験からの偏った事実や価値観が含まれている可能性が多分にあることをご了承いただけると幸いである。

第五章

競争力が弱くなり稼ぐ力を失った日本の金型業界

5・1　100年に1度の大変革時代における日本の金型業界が感じる不安

金型業界の特徴

金型はモノづくりの「マザーツール」とも呼ばれ、プレスや射出成型など用途に応じてさまざまな種類がある。金属だけでなく、プラスチック、ゴム、ガラスなどの幅広い製品の大量生産に用いられている。上下の型を合わせたその空洞の部分で製品がつくられ、均一な製品が短い時間で得られる。金型は、大量生産を前提にした自動車や家電・精密機器、玩具など多様な業種で用いられるが、1つの製品・部品を製造するためには、1つの金型があれば十分であるため、金型自体は個別受注生産となる。

金型を製造するためには、金型を設計するためのCADを代表とするソフトウェアや、金型を製造するために必要なNC工作機械、金型の良し悪しを確認するためのトライプレス機などが必要となるため、ソフト、ハードに億を超える莫大な投資額が必要となる。コスト構造として、どうしても固定費の占める割合が大きくなる業種である。

金型を必要とする製品を最終的にリリースするのは完成車メーカー、家電・精密機器メーカーなど

表5.1　規模別事業所数・生産額（2020年）

（単位：百万円）

	事業所数		生産額	
	実　　数	(4,327) 全体比	実　　数	(1,543,858) 全体比
9人以下	2,644	61.1%	138,019	8.9%
10人～19人	792	18.3%	156,209	10.1%
20人～29人	338	7.8%	125,569	8.1%
30人～99人	463	10.7%	432,520	28.0%
100人～299人	81	1.9%	691,541	44.8%
300人以上	9	0.2%		
合　　計	4,327	100.0%	1,543,858	100.0%

資料：経済センサス（産業別統計表）
※ 2020 年は工業統計調査が実施されなかったため、経済センサス一活動調査（産業別統計表）を使用している。
出典：一般社団法人日本金型工業会「一目でわかる日本の金型産業」

であるが、これらの企業で新製品をリリースする場合やモデルチェンジの場合にのみ新たな金型が必要となる。大きな投資額による固定費と山谷のある需要の関係から自社ですべての金型を賄うのは経済的に見合わないため、アウトソースが有利になり、金型製造を専業とする金型メーカーが存在することになる。

金型は個別受注生産であり、金型自体の大量生産は必要としないためスケールメリットが効かない産業でもある。さらに顧客の新製品、モデルチェンジのタイミングに左右されるため、あらかじめ受注を見込むことは難しい。大量生産を必要とせず、見込み生産ができないことから規模を拡大することが構造的に難しい業種であると言える。

これらの特徴から金型メーカーは中小規模の企業が多く、約４３００の事業所が存在する中で100人を超える企業は2％にすぎず、約80％を占める大部分の企業が20人未満の中小企業である（**表5・1**）。

かつて日本の金型業界は世界一だった

金型の生産額は、1955年にはわずか100億円程度であったが、金型を必要とする主要な自動車、電機電子産業といった業界の飛躍的な発展に牽引（けんいん）され、1983年に1兆円の大台を超えた。1985年のプラザ合意による円高の際にはマイナス成長となっているものの、海外での金型需要の高まりや、バブル経済による日本国内の需要拡大により、平均して10％後半の成長率を継続していた。1991年には1兆9575億円となり、最大の出荷額を記録した。この当時の全世界の金型生産額はおおよそ5兆円と言われているため、世界の3分の1を超える金型を日本で製造していたことになる。

ピーク時の1991年以降は、国内の低成長や、顧客である自動車、家電メーカーなどの海外進出により現地での金型手配が進んだこともあり、国内需要が大きく拡大することはなかった。2008年のリーマンショックによる世界的な経済危機は金型産業も直撃し、急激な需要の低下を引き起こした。その後の10年間でゆるやかな回復傾向にあったが、この数年間の成長は横ばいであり、約1・5兆円の産業となっている。つまり、ピーク時と比べて、約4500億円の市場が消失してしまったことになる（**図5・1**）。

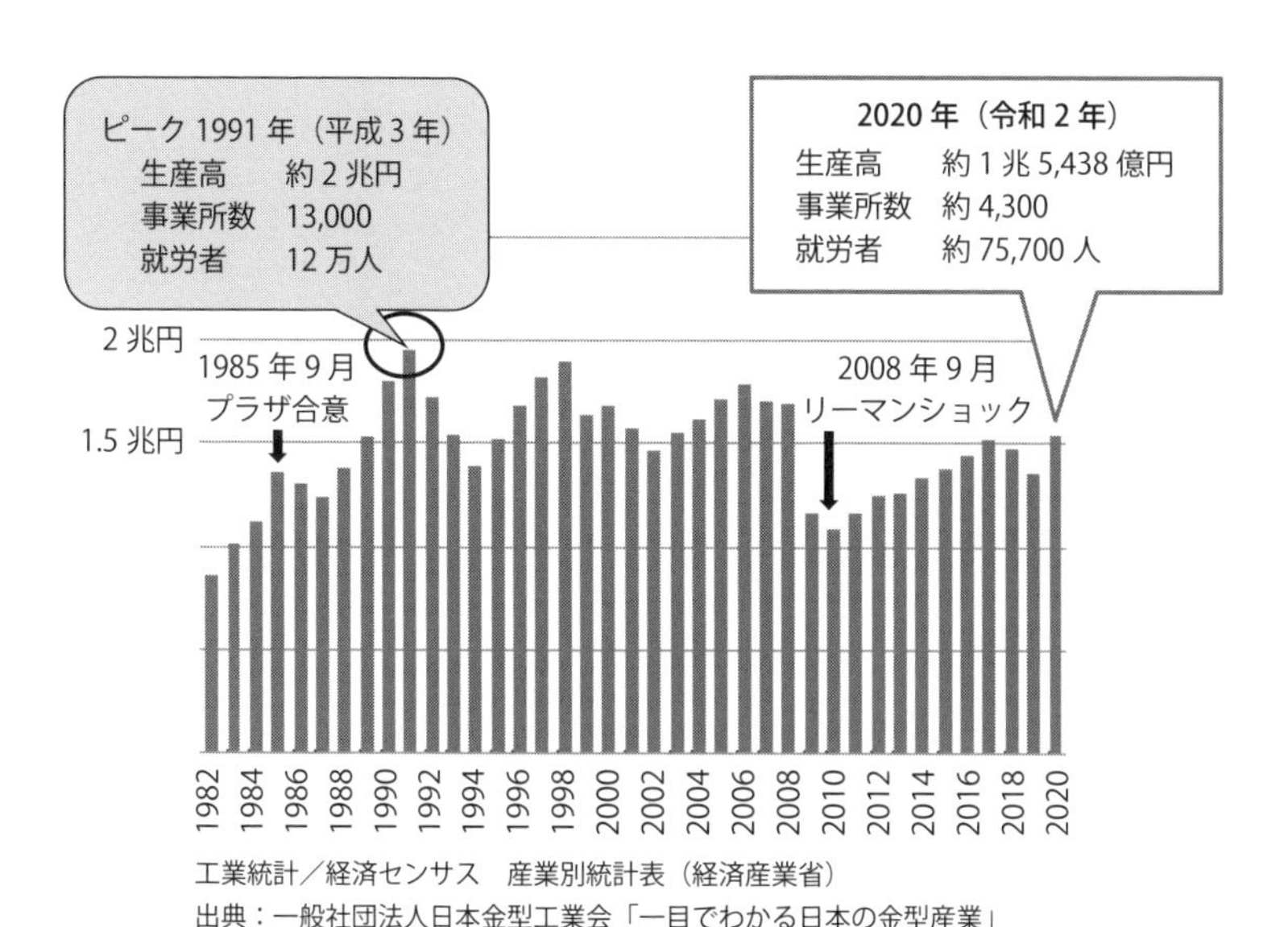

工業統計／経済センサス　産業別統計表（経済産業省）
出典：一般社団法人日本金型工業会「一目でわかる日本の金型産業」

図5.1　日本の金型産業

表5.2　世界の金型生産高

	国　名	生産高（億円）	比率
1	中国（2020年）	5兆0,526	47.1%
2	米国（2020年）	1兆6,367	15.3%
3	日本（2020年）	1兆5,438	14.4%
4	韓国（2018年）	8,037	7.5%
5	ドイツ（2021年）	5,807	5.4%
	世界合計33カ国	10兆7,235	

ISTMA Statistical Book 2021（日本の数値は経産省経済センサス）
出典：一般社団法人日本金型工業会「一目でわかる日本の金型産業」

金型生産におけるライバル国の状況を見てみると、2009年に中国が日本を追い越し世界一となった。その上、今では世界生産額の半分のシェアを占めるまでに急成長を遂げ、世界中に金型を供給している（**表5・2**）。また、圧倒的な輸入国であったアジア諸国やメキシコも金型の生産を増やし始めている。

消費者への最終製品を生産する完成車メーカーや家電メーカーのグローバル・サプライチェーン戦略や新型コロナウイルスによるサプライチェーンの見直しによって、金型が生産される地域も影響を受けており、今後も大きく変化する可能性がある。

かつては間違いなく、金型生産で世界を席巻していた日本であるが、残念ながら日本のシェアが落ちたのと同時に金型の品質が下がったという話は聞こえてこない。すなわち、日本が培ってきた金型製造技術や技能がなくても、従来通りの品質が得られているということになる。

金型業界で働く人の声から感じる、現在の金型企業が置かれている状況

筆者の所属するオートフォームジャパンは、関係を考えれば競合関係になることもある顧客同士を結び付け、情報交換やコミュニケーションの場として交流会や勉強会を提供している。エンジニアを中心としているが、時には経営層や営業、金型製造を担当する職人の方の参加もある。

2023年初頭に行ったプレス用金型メーカーが複数集まった交流会の1つのプログラムとして、金型業界の将来について考えた際に発せられたコメントを紹介したい。この交流会には社長を筆頭と

して、経営層、中間管理職、エンジニアといったポジションや役割の異なる方々がいらした。

○業界の見通しはよくない、新しい人が興味を持ちにくく将来にわたって人を採用できるか心配だ。

○ギガプレスなどの新しい車体を製造する技術により、プレス金型はいらなくなるのではないか。

○海外で作れる金型が増えている。間違いなく競争が激しくなっている。

○高齢化により、ベテランの技能をどこまで維持できるのか、また強化できるのか、これは競争力の維持に影響する。

○ノウハウがなくても作れてしまうような、設備やテクノロジーの進化は脅威に感じる。

○安くて速いところに仕事が出る。技術で選ばれることが少なくなってきたのではないか。

○自動車開発の山谷が激しい、開発の谷でも生き残らないとやっていけない。

○完成車メーカーの戦略はどう変わるか？　その結果、部品メーカーはどう変わるのか？　では、金型メーカーはどう変わっていかなければならないのか？　本当に難しい。

市場が縮小傾向であると言っても、まだまだ世界第3位の金型業界である。しかしながら現実を直視すると、将来は非常に厳しい見通しであることを実感させられるコメントが多かった。何事にもいつも挑戦マインドで前向きに取り組まれる出席者が多いのだが、そうした方々からもこれだけ不安のにじみ出るようなコメントが多くあったのだ。これは、金型業界の厳しさを理解しているつもりであった筆者にとっても、他人ごとではなく本当に起きている現実なのだと恐怖を感じさせられる出来事であった。

100年に1度の変革期と言われる現在は、金型業界にも急激な変化を及ぼし、指標や数値で表されている以上に急激な変化とともに人々の将来への不安を掻き立てている。現実として、まぎれもなく生き残りをかけた戦いが確実に始まっていることを示唆している。

5・2　技術の進化により希薄化した強み

プレス金型の設計からトライアウトまでの流れ

プレス金型は、金型が設置されるプレスラインの仕様に合わせて設計される。その際、部品そのものの品質を満たすことは当然のこととして、量産時にトラブルの発生リスクが少なくなるように、また部品を加工するために必要な材料使用量がなるべく少なくなるようになど、さまざまな要求仕様に合わせて加工方案が検討・設計される。次に、金型そのものの動作に干渉がないかなど成立性を検討し、かつ何万部品を製造しても壊れないように十分な耐久性を保てるような構造が設計される。

金型設計が終わると、実際に金型の製造に移ることになるのだが、自社で作成しない金型製造に必要な多くの部品は金型部品メーカーから調達することになる。自動車の滑らかなデザインをもつ部品

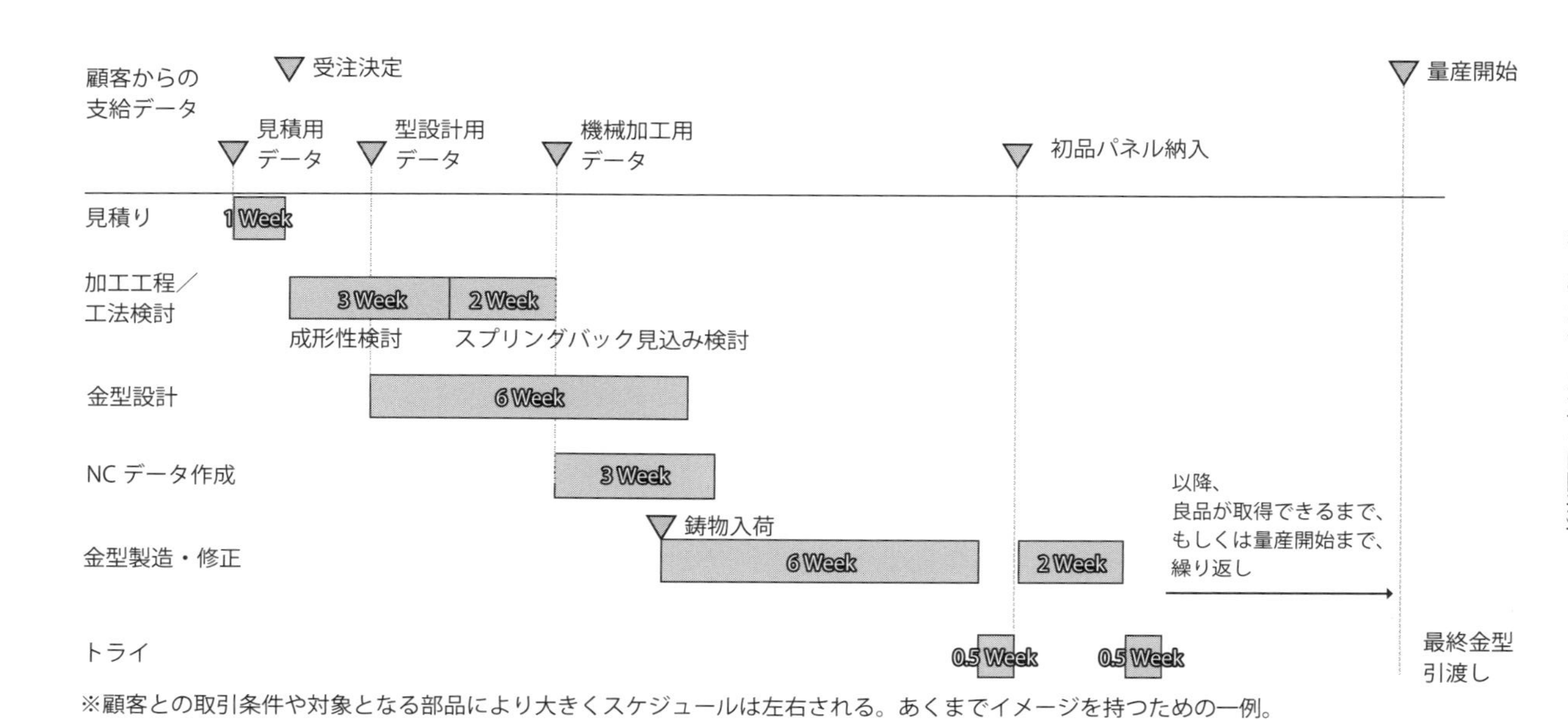

※顧客との取引条件や対象となる部品により大きくスケジュールは左右される。あくまでイメージを持つための一例。

図5.2　見積りから金型引渡しまでの流れ

を加工するには、部品を加工する面となるダイフェース（金型表面）も滑らかなデザイン通りの形が再現される必要がある。十分な耐久性があり、加工性もいいことから、鉄を溶融して固めた鋳物を材料として用いる金型の場合は、専業の鋳物メーカーへ発注することになる。鋳物は、大きさにもよるがおおむね発注から1カ月程度で納入され、納入後にNC工作機械で加工の後、手仕上げが施される。その後、必要な部品を組み合わせ、設計通りの部品が想定通り加工できるかを、トライアウトと呼ばれる試作にて確認することになる（**図5・2**）。

トライアウトは文字通り試作として製品の出来を確認する位置づけであるのだが、加工が難しい部品の場合、このトライアウトが1回で終わることはほとんどなく、数回、多い場合は10回以上も繰り返さざるを得ないことがある。トライアウトで問題が発見された場合には、対策が検討され次回のトライアウトに織り込まれることになるが、NC工作機械でのダイフェースの再加工と手仕上げを再度行い、金型を組み立ててトライアウトをもう一度行うまでには、数週間かかることもある。

トライアウトを繰り返すことは、納期の圧迫とコスト増となるため、トライアウトの回数はどこの金型メーカーでも頭の痛い問題となる。

プレス金型に関連する技術進化の例

金型を取り巻く技術の進化は、さまざまなものがある。ソフトウェアを例にとると、金型表面のダイフェース・金型設計にはなくてはならないものになったCADの進化、設計した加工方案やダイフェース・金型設計の妥当性を検証可能としたCAE、そしてCADの図面をもとにNC工作機械の加工プログラムを作成するCAMの進化などがあげられる。

現在では、前述したトライアウト回数を削減することを目的として、コンピューターの中でトライアウトを行い、実際の金型を製造する前に問題を発見・対策するために、当たり前のように各種シミュレーションが活用されている。ソフトウェア、ハードウェアどちらかの進化のみでは、デジタルと現実の差異が大きく存在することになり、その能力を十分に発揮できないが、シミュレーション技術の進化とCAM、そしてNC工作機械であるハードウェアの進化も同時に達成されていることで、デジタルを活用することで生み出される価値が増大している。

同じように、3D測定器も進化しており、成形パネルをデータ化することで成形シミュレーションでの予測と実際の成形パネルを比較することができる。さらに、トライアウトを繰り返して修正が終わった金型を3D測定器で測定することで、手修正箇所のデータ化が可能となり、ダイフェース面のデジタルコピーによる2番型の作成工数は飛躍的に短縮されている。

次からは、プレス成形シミュレーションにフォーカスして、その進化が金型業界に及ぼした影響について考察してみたい。

プレス成形シミュレーションの登場と進化

1980年代後半から汎用のCAEを用いて、主に研究用途でプレス成形シミュレーションが実施され始めたが、1990年代に入るとプレス成形専用のシミュレーションが市販されるようになった。CAEメーカーの多くは欧米企業であったのだが、日本でも代理店を通じて完成車メーカーを中心に採用が始まり、1990年代後半には金型メーカーでも広がりだした。

登場当初のプレス成形シミュレーションはソフトそのものでできることも限られ、かつ動作させるコンピューターの能力の限界もあり、プレス加工工程の1工程目である絞り工程のみを確認できる程度であった。また確認できる不具合もわれ、しわといった成形不具合がメインで、スプリングバック(プレス後に塑性変形された部品が弾性変形を起こすことにより、寸法がずれてしまう不具合)や面ひずみ(部品に㎛レベルの微小な凹み、しわの一種)と呼ばれる寸法精度の問題は、再現の低さから参考程度の活用といった側面が強かった。

対象となる部品や金型の種類にもよるが、1回のトライアウトで数百万円のコスト、数週間の時間を費やすこともあり、トライアウト工数削減のニーズは大きなものがあった。そのため、金型製造前に問題を解消するためのソリューションとして期待された成形シミュレーションは、スピードを加速しながら進化を果たしていくことになる。

登場からおよそ30年が経ち、成形シミュレーションは驚くべき進化を遂げている。すべての加工工程を再現することは当たり前となり、プレスだけではなく、プレス部品の組付けや塗装といった、プレスの後の工程もシミュレーション可能となってきたのだ。さらに、高額で大きな計算用のコンピューターは必要なく、ノートPCでも動作可能なものもある。過去には「工場長の経験では、この形状は作成できません」というように、経験をベースに形状修正可否や工程案の議論がされてきたが、現在では顧客との打ち合せの場でPCの画面上で成形パネルの加工状況を見ながら、工程改善の議論が行えるようになっている。

顧客である完成車メーカーや1次部品サプライヤーの部品設計者への形状修正提案には、根拠となる成形シミュレーション結果がないと変更を受け付けてくれない、というように必須のツールとなっている。

プレス成形シミュレーションの進化と日本で活用が遅れた理由

市場に浸透し始めた1990年代後半から2010年頃までの成形シミュレーションは、大きな進化の途中であった。というのは、捉え方によっては、まだまだ工法の再現には足りないところがあり、さらに採用されている物理モデルの材料モデルなどに進化の余地があった。

この頃の日本企業と欧米企業での成形シミュレーションの捉え方を比較すると、大きな差異があった。シミュレーションの導入目的が、トライアウト回数を減らすことを期待されて導入されるのは同じであるが、いざ活用しようとすると、大きく次のような2つの違いが見られた。

○誰のためのものか？

欧米では、工程を設計するプレスエンジニアが自身の設計する加工工程案の妥当性を検討するために、あくまでも「ツール」としての位置づけで取り入れられた。そのため、ソフトウェアベンダーに寄せられるリクエストには、加工方案に関するアイデアを素早く検証するためにCADよりも早くモデリングするための機能などが多かった。

それに対して日本では、成形シミュレーションは「解析」と呼ばれることが多く、解析先任者のためのソフトウェアという位置づけで取り入れられることが多かった。プレスエンジニアからのアイデアを引き継ぎ、解析先任者がシミュレーションを実行する、といった流れである。そのため、本来、成形シミュレーションはトライアウトを削減するツールなのだが、いつしか解析者のためのツールとして認識され、解析自体が主役の仕事として捉えられていってしまうことが多かった。

○シミュレーションは合うのか？

日本では、現場が強く、現場が絶対という力関係があったため、シミュレーション通りの結果が出なかった場合には、シミュレーションの担当者は「当たらないじゃないか！」と怒られることも多かった。怒られることに嫌気のさした担当者からは「シミュレーションは当たらない」という言葉が聞かれることが多くなり、シミュレーションと実物を一致させるための検証業務が盛んとなっていた。

機能開発リクエストも物理現象を再現するためのものが多く見られた。大げさな表現であるが、100点になるまで使わないといった意識を感じた。失敗のない安心できる状態にならないと、検証から実際の業務に適用されないため、必然として新しい技術の適用には時間がかかった。

さらに、必ずしも不一致の原因ではないにも関わらず、結果に大きな影響を及ぼす因子、例えば、計算要素のサイズやタイムステップ、摩擦係数などのパラメータを、チューニングと称して、トライアウト後に後追いで実際の成形パネルに合うまで調整していくことに時間を費やす企業が多かった。不一致の直接的でない要因をチューニングしても次の部品に活かされないため、努力が徒労に終わることになるのだが、解析者の主要業務となっていた時期があった（数は減ったが、現在でも行っている企業もある）。

欧米では、成形シミュレーションはあくまでもツールであり、当たらないこともあるが使えるところから使おう、という意識が強い。今よりもトライアウトで起きる問題が少しでも解決するのであれば、それはいいことじゃないかという捉え方である。何もしなければ現状はゼロのまま変わらないが、少しでもコスト削減に寄与する価値が生み出されるのであれば、使わない理由がない。使いながらよくしていこうという意識であった。

「あわないじゃないか」と怒られることを恐れ、100点を目指して終わることのないシミュレーションと現物の合わせ込みと呼ばれる作業は、適用されるまでに実益を生むことがない。一方で実益を生むことを目的としてシミュレーションを活用していく姿勢の違いは、デジタルを使いこなすという能力の違いを示しているように見える。

2023年の現在でも、デジタルツールに向かい合う姿勢としては大きく変わっておらず、新しくシミュレーション可能な分野が開発された時には、日本の多くの企業で検証と呼ばれる業務に割かれる時間は、海外企業に比べて圧倒的に長い。

新しい材料の登場により、経験が通用しなくなる

２０１０年代に入ると、環境問題への関心が世界的に高まり、消費者は燃費のよさを自動車に求めるようになっていた。ハイブリッド車が軽自動車の燃費を上回るニュースが大きく報じられるなど、新車販売促進策の一環として行われたエコカー減税、補助金の適用有無などもあり、燃費が販売台数を大きく左右した。燃費が各社の技術力を示すものとして捉えられ、プライドをかけて開発を繰り返すことで、熾烈（しれつ）な競争が繰り広げられたが、過度な競争による企業内のいきすぎた達成目標は燃費データ試験結果の不正などのスキャンダルを誘発してしまったことは記憶に新しい。

このような燃費競争の中で、自動車部品には衝突安全性は担保しながら軽量化を図る手段として、硬くて軽いものが急速に求められるようになった。この市場からの要求は車体の主要材料である鉄鋼メーカーにとっては新しい材料の販売機会となり、新しい材料の開発競争が激化していった。

ここで欧州と日本の取った対応の違いを見てみたい。

欧州では、硬くて軽い部品を作るための手段としてホットプレス工法が採用される割合が増えていったが、日本の鉄鋼メーカーはホットプレス材料開発の遅れもあり、従来の冷間プレス用材料開発の強みを強化する方針を取った。この結果、高張力鋼板、通称ハイテン（High tensile steel）と呼ばれる硬い鉄板の熾烈な開発競争が鉄鋼メーカー間で行われ、急激な材料の進化が遂げられた。

２０００年代中頃には、ハイテンというと引張り強さ４４０MPa級の鉄板を指していたが、２０１０年

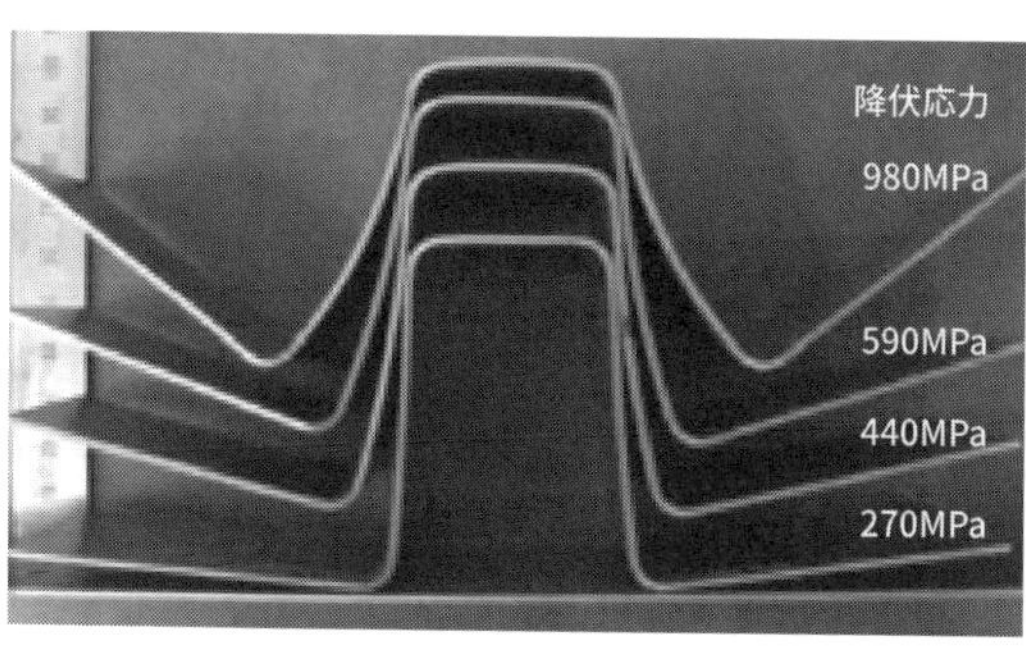

提供：豊田鉄工株式会社

図5.3　スプリングバック

代には、超ハイテンといわれる980MPaの材料が登場するなどものすごい速さで進化を遂げていた。

現在では超ハイテンという言葉は、1190―1390MPa級の材料を指すようになり、従来の常識では考えらないほどのスピードで量産車への適用が進んでいる。さらには、すでにそれ以上の1800MPa級の材料も開発されており、量産車に適用され広がりを待つ状況である。980MPa材料はもはや「超」のつかない、ハイテンとしての位置づけとなってきている。

これらの硬い材料は、強度を保ちながらプレス部品の板厚を薄くできる利点があり、燃費に有利になるのだが、従来の材料と比較にならないほど成形が難しく、またスプリングバックが非常に大きな問題となる難しさを引き起こした（**図5・3**）。さらには、従来のプレスマシンの能力では、この硬い材料の成形に必要な荷重が十分出せずに、プレスの上下の金型が閉じきれないため、設計された形状を完全に再現しきれない、といった問題も引き起こしている。

この急激な材料進化による難成形化とスプリングバックの問

題には、従来蓄積してきたノウハウが機能しきれずに、新たな材料が採用される部品には、急激なトライアウト回数の増加という大きな問題が現れることになる。

従来経験で対応していたものに対して、急激な材料の進化は緩やかに経験を蓄積することでは対応ができないため、経験の少ない部品に対する成形シミュレーションでの事前の試行錯誤の重要性が増していくことになった。つまり、競争力として機能していたノウハウが必ずしも強みとして機能し続けるわけではないことを意味した。

９８０MPa材料が登場した頃に、「あんな９８０MPaなんか素性がわからないし、成形できるわけはない、手を出しちゃいけない」としてチャレンジしなかった企業と、競争力を得るために、シミュレーションを使いながら試行錯誤して、苦しみながら技術を確立していった企業の差異は大きかった。前者のような姿勢の企業の多くは淘汰(とうた)され、生き残ることができていても、どこでも作れる金型を価格競争の中、作り続けざるを得ないという状況に陥っている。

成形シミュレーションによる経験値の加速

成形シミュレーションの登場前は、トライアウト時に問題に直面し、それを本当に苦労しながら試行錯誤の上、解決することで経験値としていった。トライアウト時に問題を修正するためのアイデアが機能するか否かは結局試してみることで確認するしか手はなかったのだが、実際に金型を再加工して、再度、組み立てて、と1回でも修正するのは大変な作業であり、複数の修正アイデアがあったとしても1つの修正案に絞り、試してみるほかはなかったのだ。

　そのため、経験値として蓄積されるのは限られたものとなるため、金型職人として一人前になるには、当たり前のように10年以上必要とされ、新人はひたすらベテランの背中を見ながら長い時間をかけて経験を積むことで成長していくことが当然であった。

　しかしながら、プレス成形シミュレーションの登場により、この経験値を積むことが加速されることになる。コンピューター上でのトライアウトは、実際のトライアウトと比べて格段にコストが安い。そのため、良い悪いは別にして、考えなくても思いついたアイデアをどんどん試すことができる。さらに、実際の金型の中は外から見ることができないが、コンピューターの中では、あたかも金型の中を見ているように、パネルがどのように変形していくかを確認することができる。そのため、工程修正案が機能した理由、機能しなかった理由をベテランに指導をもらいながら、どんどん自分のものにしていくことが可能となった。

　この経験値の向上が加速できることの意味は、今までに蓄積してきた加工方案のノウハウの格差を埋めることになった。

中国の金型メーカーの躍進が凄まじい

　表5・2で見たように、中国の金型企業の世界に占めるシェアは50％に迫る勢いである。高度経済成長下での欧州、日本などの多くの完成車メーカーの中国進出や中国の国産完成車メーカーの成長が

後押しとなったことは言うまでもないが、人件費の観点でのアドバンテージもあり、安く金型を供給できる市場として、成長を加速させた。

リーマンショック後には、ドル円が100円を下回り、その後も円高が止まらず2011年10月31日には一時75・58円を記録した。日本がなかなかこの円高の状態を解消することができない間に、中国に金型の発注が流れてしまった。この頃は、まだ安かろう悪かろうという状況で、重要な部品を製造するには、中国金型メーカーの能力の足りなさが指摘され、遅かれ早かれ日本に金型ビジネスが戻ってくる、という楽観的な見方が多かった。しかし、中国企業は高度な技能を持つ職人を高給で引き抜き、急速に品質も向上させていった。

品質向上を達成した背景には、各種技術進化も寄与しており、成形シミュレーションもそれを後押しした1つのデジタル技術である。この頃には、金型の加工プロセス全体（絞り工程、抜き工程、曲げ工程など）をシミュレーションすることができ、材料の進化とともに大きな問題となっていたスプリングバックの予測とその見込み作業もコンピューター上で完了できるようになっていた。

欧州で先行していた、デジタル上でのスプリングバック見込み技術は、中国をはじめとしたアジア諸国に輸出されることになる。当然、当社のようなソフトウェアベンダーの日本支社も、ミッションとして日本でもこのデジタル技術を広めようとしたのだが、当時の顧客からのフィードバックの大半は「どうせあわないんでしょ？」「今のやり方の方が安心だよ」という声のもとに受け入れられるまでに苦戦をし、新しいコンセプトのデジタル活用技術を広めるのには時間を要した。新しい手法の信

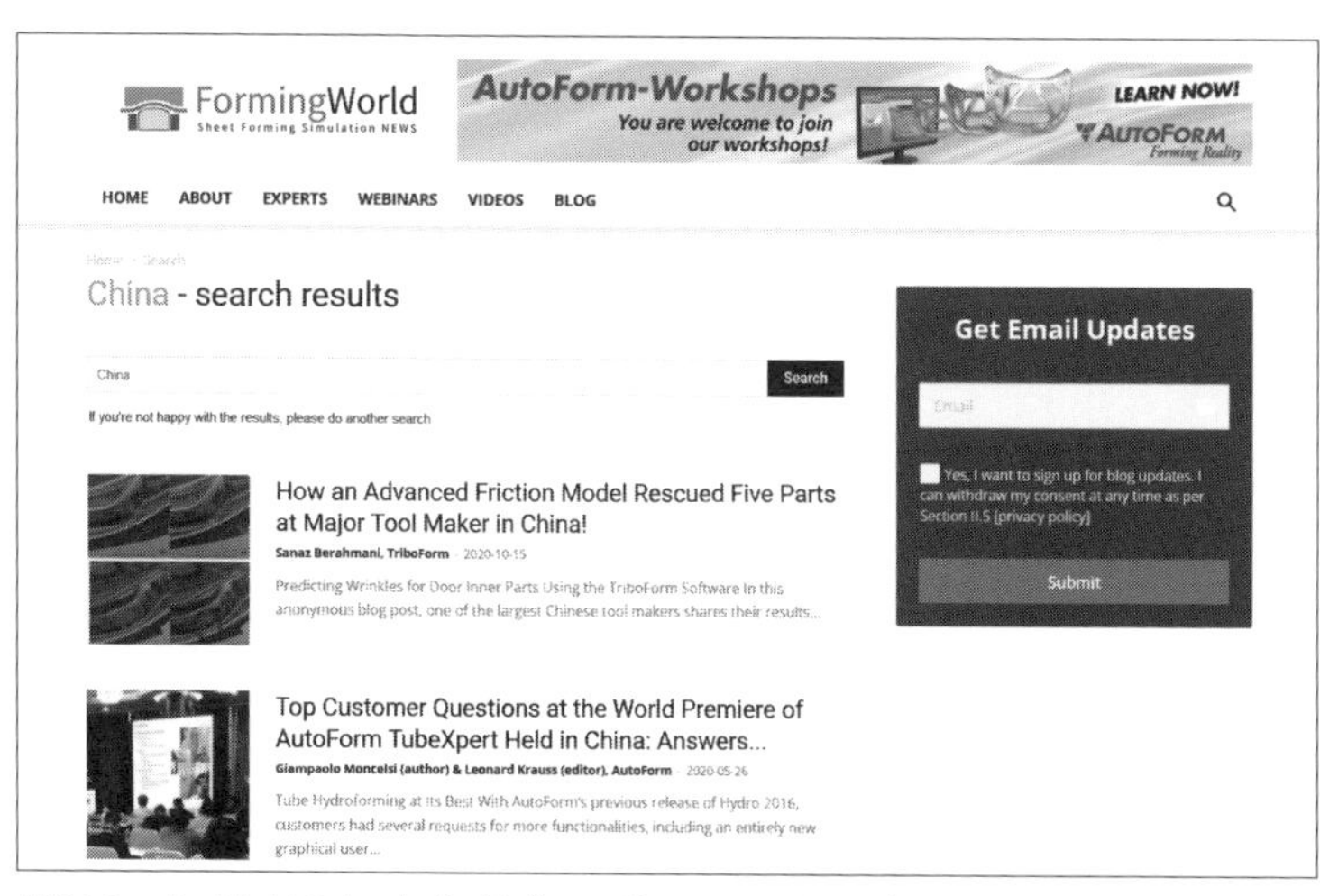

出典：FormingWorld のホームページ（https://formingworld.com/）

図5.4　FormingWorldには中国企業の事例紹介が目立つ

頼性を検証する必要があることと、今までのやり方、レガシーが邪魔をして、組織としての新手法の採用にはハードルがあった。

当時の中国は、すでに欧州メーカーを中心に現地企業との合弁企業が多く存在し、ノウハウを輸入しながら成長を目指している時期であった。欧州からの技術支援や人材の引き抜き採用は行っていたものの、やはり中国企業に足りないのは金型を作り上げるノウハウであったのだが、このノウハウがない、今までのやり方がないというのは、最新の手法を取り入れるには非常に都合がよく、輸入した新しいコンセプト・手法をどんどん取り入れ、失敗を繰り返しながらも驚くべきスピードで自分たちのものとしてしまっていったのだった。

２０１５年頃は、自動車のプレス部品用の金型で難しい、やはり現場の技能者の能力が必要であるボディサイドアウター、フェンダーなどの部品が中国企業で製造できる日が来るとは想像していなかった。現実として、コストのみに優先順位を置いた完成車メーカーでは、中国や韓国などの金型メーカーへの依頼で痛い目を見た、というケースもあり日本に発注が戻ってきていた。ただ現在は、多くの中国、アジア諸国の金型メーカーで当たり前のように製造できるようになってきている。

弊社のメディアである「ＦｏｒｍｉｎｇＷｏｒｌｄ」という世界の動向や新しいコンセプト、顧客企業の成功事例を紹介しているウェブサイトには、多くの中国企業がデジタル活用例として事例を紹介し、能力を示している（**図5・4**）。

第六章

生き残りをかけた競争に勝つために

まず大前提として、私たちはビジネスの世界にいる。きれいごとではなく、ビジネスは生きるか死ぬかの競争である。自動車産業における競争では、グローバルに戦う相手が存在する。当然、今まで負けていた企業は、急激な環境変化を機会としてどのように勝つことができるかを死に物狂いで考えるであろうし、勝っていた企業はこれからも勝ち続けるために死に物狂いで考え、競争をし続ける。ここに、変化を大きな機会と捉えた多くの新規参入者も現れるため、激しい競争が終わることはない。

私たちは、この生きるか死ぬかの競争環境の中で戦っているという大前提を忘れてはならず、この環境で勝ち抜いていかないとならない。

6・1　金型ビジネスの辛いビジネスモデルと顧客との関係

金型メーカーのビジネスモデルは本当にリスクが高い

金型のビジネスモデルは構造的に非常にリスクが高い。

顧客から受注した後で、金型の設計をし、金型の手配のために鋳物を発注し、鋳物を機械加工した後で、良品が取得できるまでトライアウトを繰り返す。発注する企業と金型メーカーの関係性や個別契約により差異は大きいのだが、例えば、リスクの高いケースでは、トライアウトで良品が取得できて80％、量産トライが終了したら残りの20％がようやく請求可能、というように、金型の受注から入金までのタイムラグが長く、必要な費用の持ち出し期間がとても長いビジネスである。さらに、予想通りに金型を玉成することができず、トライアウトを繰り返すようなケースは簡単に赤字になってしまうという難しさもある。

日本の完成車メーカーから受注する金型の単価は低い傾向にあるが、その代わり、支払いのマイルストーンが多い。対して、海外は金型単価は高いが支払いのためのマイルストーンはとても少ないといった違いが傾向として見られる。

さらに、海外顧客とのビジネスではこの長い期間の為替変動もリスク要因となる。加えて、中国企業は、あの手この手で支払いを先延ばしにするような企業が存在したり、新興ＥＶメーカーは計画の変更が頻繁にあったりと、取引企業の選定自体にもリスクが存在する。

この他に金型ビジネスの特徴としてあげられるのは、完成車メーカーの車種開発スケジュールに大きく左右されるため受注の山谷が大きいことである。金型を製造するためには、プレスマシンやＮＣ工作機械、測定器といったハードウェア、ＣＡＤ／ＣＡＭ／ＣＡＥといったソフトウェアなどの、高額な固定費が必要となるビジネスでもある。そのため、固定費を回収するために限界利益がプラスになるのであれば、安い金額でも受注せざるを得ない状況もある。その時に、意図せずトライアウト回数がかさめば、固定費を回収するどころではなく大きく利益を減らしてしまうこともある。

そのため、自社にとって経験の少ない部品形状や材質を対象にした金型を受注することはリスクを増大させることになるのだが、他社でもできる金型は必然的に価格勝負となるため、リスクを負ってでも受注せざるを得ない状況が多々存在する。この状況を打破するための戦略は、当然圧倒的にコスト有利な状況をつくるか、差別化で勝負するかしかないのだが、需要に対して供給可能な金型メーカーが多い現在の状況では、どちらの戦略も機能させることは非常に難易度が高い。どうしても完成車メーカーや部品メーカーといった発注側の交渉力が高くなってしまう構造にある。

変化する取引先との関係

日本の完成車メーカーを頂点とするピラミッド構造は、ケイレツ、グループなどと呼ばれ、完成車メーカーとサプライヤー企業が強固な関係を結ぶことで、競争力を維持してきた。完成車メーカーにしてみれば優位な価格交渉力を活かした価格設定によるコストメリットがあり、サプライヤー企業においては安定した受注見通しをもとに開発力を高める投資を行うことができた。この関係性は長期のものを前提に構築されており、すり合わせ型の開発にはおおいに威力を発揮してきた。

完成車メーカーと部品サプライヤー、部品サプライヤーと金型メーカーといった取引関係において、QCD活動と言われる、品質、コスト、納期を継続的にカイゼンしていく取り組みがある。これはコンセプトとしては間違いなく優秀で、競争力を継続的に高めていくための素晴らしい仕組みであるが、実情を見ると、QCDの成果は安定的な発注の対価として仕事の受け手の受注金額を抑えることとして作用しているため、サプライヤー側の犠牲により成り立っているとも言える。

サプライヤーの再編など近年はケイレツ関係も見直され、崩壊が始まっているケイレツもある。完成車メーカーによる絶対的な安定的地位が約束されない今、必ずしもケイレツを維持することが正しいかというとそうではない状況が多くなっているのだ。

従来は、ある完成車メーカーの主要サプライヤーであった企業が、さらなる成長もしくはリスクマネジメントとして、今までは関係の薄かった完成車メーカーの仕事を、差別化された技術をもとに奪いにきている。さらに、完成車メーカーの戦略変化に合わせ、車体メーカーへと成長していこうと動き出している1次サプライヤーも見られる。つまり、従来のケイレツ関係が維持される前提では、あたかも親鳥が持ってきてくれるエサを待っていればよかったものが、口を開けて待っている間に横取りされてしまう状況になっているのである。

横取りを狙っている企業は、確かに差別化された（してきた）技術を提案力として、また投資を加速しながら新たな販路を開拓している。そこには、成形シミュレーションを活用し、具体的な実現可能性とメリットを証明しながら営業をかけている姿もある。

完成車メーカーとの商談の席でふと気づくのは、今まで当たり前のように会話の中で出てきていた、サプライヤー企業の名前がまったく出てこなくなり、今までは別のケイレツの主要企業であった名前が頻繁に出てくるなど、変化を感じることである。新たに出てくる企業名が気になりホームページを見てみると、非常に明快なビジョンのもとに戦略的で具体的な計画が掲げられていることが多い。一方で、名前が出なくなってきた企業を調べてみると、イメージでそう見えるだけかもしれないが、代わり映えのしない焼き直したような計画が、あたかも義務として掲載されているような印象を受ける。

従来の取引先からの安定受注が神話になる前に、例えば、ＱＣＤ活動によるカイゼン結果が利益に結び付くような付加価値の高い金型づくりの体制構築と、それによる顧客との交渉力強化の重要性は間違いなく増している。

6・2　残念な経営者と、厳しい時代を生き抜く覚悟のある経営者

覚悟を感じた経営者・マネジメント

これまで述べてきたように、確かに金型業界は非常に厳しい状況にある。だが、日本にも勝ち組企業は存在する。

経営者の方々にお会いすると、自信を表に出し見るからに強さを感じさせる方、物腰は非常に柔らかいが目に鋭さのある方などさまざまな方がいらっしゃる。勝ち組の企業の経営者に共通しているのは、発言やしぐさに迫力をお持ちであるという点だ。

100年に1度と言われる、大きな外部環境変化をチャンスと捉え、新たなチャレンジのために投資を行っている。この厳しい環境の中、投資を行うのは余程の覚悟がないとできない。自社の将来、従業員とその家族の将来に責任を持ち、会社の維持、成長を目指して投資を決断したその決断力と「やるしかない」という覚悟が滲(にじ)み出ている。

このような企業の経営者に将来像を聞くと、「怖い、でもやるしかない」という言葉とともに明快な戦略がある。

例えば、金型製造だけでなく、海外での少量部品生産とエンジニアリングをビジネスのポートフォリオに加えた企業がある。金型ビジネスの弱点である、入金までのタイムラグを補うために、資産として保有する金型づくりのエンジニアリング能力と成形シミュレーションを活用したエンジニアリング業務を完成車メーカーから受注するのである。つまりビジネスポートフォリオを広げ、収益の柱を増やしているのである。ただ、日本の完成車メーカーには、なかなかこのエンジニアリングに工数以上の価値を評価されないため、海外の完成車メーカーに積極的に営業をかけていくのである。

このエンジニアリングをポートフォリオに加えるということは、他企業でも思いつかないものではない。ただ多くの場合は、ノウハウの流出などリスクを抑えることに優先順位を置いたり、海外に出る営業力がなかったりと、実行に移せない理由を探す企業が多い。実行に移せば懸念通りに失敗に終わる可能性もある。ただ、評論家のごとく、取り得る施策を評価するのみで、何もやらないのであれば何も変わらない、という事実を忘れてはならない。

この企業の社長にお話を伺った際には、普段にこやかな社長の今まで見たことのない険しい表情と声のトーンから、本当にビジネスが厳しいということと、それでも腹をくくって意思決定したということが伝わり、鳥肌がたった。果たして自分が同じ状況になった時に、この方のような意思決定ができるのであろうか。その空気が物語ることは多く、本当に貴重な経験となった。

この意思決定は、社員であるエンジニアの時間を最大限に活用して、雇用を守りながら、どうにか生き残ろうという意気込みが背景にあるため、この想いと覚悟が従業員にも波及している。このような企業には一歩敷地に入るだけで、不思議と雰囲気よく感じ、活気も感じるものである。工場に金型が山積みになっている企業と仕掛中の金型がほとんどない企業というように企業の差が顕著になってきているが、そこには理由があるのだ。

不安なままで何もやらない経営者とマネジメント

対して、何も変化しようとしていないように見える企業もある。当然のことながら、このままいけばどうなるのか？　ということとは、経営者はもとより、従業員も明るくない未来が待ち構えていることはわかっているのである。そのような企業の経営者と話した時には、他社の動向を気にする質問のみであり、他社が厳しいということを聞いて安心しているような表情が見られる。

創業家を離れた企業のいわゆる日本のサラリーマン経営者には、海外のようにプロ経営者として責任を強く問われるわけでもないし、任期もあるし、失敗はしたくない、といった保身に走らせる要素があるのは確かであり、残念ながら私自身もそうなのであるが、どうしても創業者に比べると覚悟と迫力を感じる割合が少ない。

次にご紹介する出来事は、プライム市場に上場されているある企業の役員の方に、デジタルトランスフォーメーション（ＤＸ）の計画を聞いた際のものである。

「計画してきた２０２６年の実施はあきらめた。」

「２０３０年まで延期したよ。」

この後の私からの「２０３０年にまた延期されるリスクはどの程度ありますか？」との質問には、「２０３０年までにはできるだけやろう！」「そうやって部下を鼓舞して、まあ頑張っているよ。」との回答が返ってきた。「それは必達だ！　絶対に達成する！」と期待していた強い言葉や雰囲気はなく、まあ目標は達成できないだろうなと、そして２０３０年にこの方はいるつもりはないのかな、と思わされる出来事だった。

ＤＸは、企業の体質・ＤＮＡを変えるほどのもので、変革を実施するのは並大抵の難易度でないことは間違いない。置かれている状況を考えれば、資金の問題、人材の問題、企業文化の問題など、問題が山積みで前に進んでいくにはとてつもない苦労があることは容易に理解ができる。しかしながら、この役員の方には、何としてでもやり遂げるという覚悟は感じなかった。会議に同席し、実行の指示をされている部長の方に見えたのは、「面倒くさいな、俺がやるのか？」そのような雰囲気であった。

どんなに難しいものでも、生き残りをかけてやるしかないものはやるしかない。できない理由を語ることしかしない経営者や企業には、どこかでいつかは誰かが助けてくれるのではないか？　といった幻想を見ているのではないかと感じることが多い。

実行されない戦略と経営者・マネジメントの怠慢

どんな企業や経営者においても、戦略がないということは間違いなくない。特に上場をしているような企業には間違いなく戦略があり、戦術が立てられている。実は日本企業の問題は戦略が実行されないことにあると考えているが、戦略が実行されること自体がとても難しく、正しく実行できることは企業の競争力である。

ダイエットを例に説明したい。ダイエットを成功させるためには、体重を減らすためにカロリーの取得を減らし、消費を増やすことであることは誰でも知っている。そのためにやることはシンプルで、食事量を減らし、運動量を増やすことである。でも目的である体重減を達成する方は稀であり、いかに実行が難しいのかがわかると思う。

DXは、単にデジタルツールを入れて個別業務をよくしていきましょう、ということでなく、対象となる企業、部門全体の視点で今後将来にわたって強くなっていくために、あるべき姿を描き、それに向かって進んでいくことで効果を生むものである。ゆえに必然的に、企業全体、部門全体を見渡せる経営者、部門マネジメントが将来像を描く必要がある。

成形シミュレーションができることは増えており、前述したようにプレスの後の工程であるＢｉＷ（ホワイトボディー）組立てまでを範囲に入れることができるようになっている。そこで、従来別々であったプレスとボディに関わる業務の最適化を実現するために、当社でも、部門を見渡せる責任者へ提案に伺うことになる。苦労して経営層の方にアポイントを取るのであるが、そのミーティングではたいてい、いつも話をしている課長レベルの方が同席されており、いつもと同じ個別の議論となってしまうことが多い。

海外の経営者は必要な専門性を上げていき、門外漢であったものも、必要であると感じた内容に関しては短い時間でキャッチアップをし、かつ経営目線の鋭い視点を持って議論できるようになっていくケースが多い。

それに対して日本の経営者、マネジメントは自分の専門は○○でこれは知らないから、ということを平気で言い、会社視点での新しい技術の本質的な重要性を理解しようともしていない。これからの将来において、デジタルの重要性に気づかずに、部下に任せ、意味を理解しようともしていない姿勢にはただ残念だという思いしかない。

ＤＸはあくまでも目標を達成するための手段にすぎないが、視点が高く会社視点になればなるほど、新たに生み出される価値が大きく、競争力を増す取り組みとなる。しかしながら、多くの企業では、全体像が語られないまま、部門や部、さらには課といった小さなグループへ、ＤＸのお題が課せられる。社長からの指示が「ＤＸで何かやれ！」と部や課に課題が課せられるという笑い話のようなことも起きている。これでは、全体最適の実現に必須な横ぐしで物事を考えることと、全体最適を推進する時に障害となる縦割りを破ることができずに、DXはかけ声で終わってしまう。

日本の経営は、責任があいまいと言われるが、これが実行力のなさの根源的な問題であると考えている。前述した、「DXを2030年までにやれるだけやってみよう」というのは、現実のいい例で、いかに責任が問われないかということを表している。

そして、日本人は一般論として責任があいまいであることを問題視するが、自分の責任を問われることは嫌がる。

経営者やマネジメントが結果責任を持つことは当然で、企業の生き残りに覚悟を持つことができない経営者は退場をするべきである。ただ一旦覚悟を持ちやることを決めた後はシンプルである。やるだけであり、各部署、部下がやることをやっているか、その進捗を責任を持って確認していくだけである。戦略が実行され、機能すれば間違いなく勝っていけるはずである。

6・3　競争に勝つために下請けを脱する

競争に勝つには戦略が必要であるが、戦略は2つしかない。競合にないコスト有利な状態をつくるか、差別化を図るかである。コストメリットを戦略として機能させるには、基本的に業界の1番企業に限られるため、多くの企業が取り得る戦略は差別化戦略となる（金型ビジネスは、大量生産が難しいため、業界の1番企業でもコストリーダーシップ戦略は機能しにくい)。差別化というと、技術によるものと反応しがちであるが、必ずしもそうではない。

ドイツの金型産業も日本と同じような状況で、中国やアジア諸国の企業の台頭により、日本と比較しても速い速度で金型業界の衰退が進んでいる。しかしながら生き残りを図り、成長を達成している企業も多くある。勢いを増し、成長を続けているあるドイツの金型メーカーは、20年前から金型だけでなくエンジニアリングビジネスも収益の大きな柱として確立している。金型ではボディサイドアウターなど難易度の高い部品用のものを中心に製造を行っており、高い単価と確かな利益の確保を妥協することがない。

この企業の強みは、完成車メーカーのパートナーとしての地位を確立していることである。新しい車種のコンセプト立案段階から、どのような車体になるか、どのようなスタイリングのものを製造可能であるかを非常に早い段階から一緒に検討を行うことができる。パートナーになる、といっても確かな技術力と信頼の積み重ねが必要で、戦略的に30年かけて今の地位を築いている。他社にはこの時間の積み重ねを真似ることはできない。と昨年お会いした役員兼金型工場長が力強い言葉で説明してくれたことを覚えている。

競争に勝つには、中長期目線で差別化された強みをどう構築化していくかが必須で、そこには取引き先との交渉力の元となる力関係をどう変化させていくことができるかという視点が盛り込まれることも重要である。

6・4　デジタル化を成功させ競争力とする組織力

競争に勝つには、顧客に価値を感じてもらえるだけの競合他社にはない特徴が必須で、それがなければ必然として価格競争に陥り利益は確保できない。強みとなる特徴は、簡単に真似されてしまうものでは競争優位とはならないため、一時的な技術力だけでなく、継続的な新技術を生み出すことのできる組織力や、長年の信頼蓄積によるブランド力など時間をかけなければ追いつくことのできないものが競争差別化として機能することとなる。

販売されているデジタルツールは、どの企業でも採用できるため競争優位にならないのではないかと思われるかもしれない。確かにすべてのデジタルツールはお金を出せば購入できるので、保有すること自体は競争優位になりえない。当然のことであるが、ただ忘れがちであるのが、デジタルツールはあくまでもツールでありゴールではないということである。

まずは、外部環境の変化が意味することを理解し、その変化による従来の成功要因がどのように変化してしまったのか、新たな成功要因を分析し定義し直す必要がある。その上で、競争優位を生み出す戦略の立案を行い、組織としてその戦略実行が整合される中で意味のあるデジタルツールを選定し活用することが必要である。今後も加速する技術進化を取り込み、成果を出すことのできる組織力は、間違いなくこれからの競争力となる。

日本人だけでなくすべての人にとって、今までの成功の実績が裏づけする従来のやり方を否定することは難しいもので、新たな手法に挑戦することは勇気と反対勢力を押し切るエネルギーが必要である。日本、欧米に限らず、成功体験やレガシーを持つすべての既存組織で変化への対応には時間が必要となるため、この対応力は大きな差が生まれるポイントでもある。早く行動を起こし実績に結び付けることができることが、変化の激しい今の状況では競争優位となり先行者利益を生むことになる。つまり、いかにデジタルツールを保有するかだけでなく、うまく取り込み、競合他社より早く「実益」に結びつけることができるか、これが差別化として機能するはずである。

2017年のことであるが、ある欧州完成車メーカーでも、従来保証されていたやり方を変えることには抵抗があった。プレス成形だけでなく、ホワイトボディ組み立てまでのプロセスを通して、シミュレーションで事前検討できるようになった時に、従来のプレス部品の品質保証の仕方が変わる。実績のある品質保証方法を変えて、本当にいいのか、失敗したらどうなんだ？　というネガティブな側面がフォーカスされ、新しい挑戦をスタートすることに苦戦をした例がある。

この時に活躍したのは、新しい技術ややり方を冷静に評価のできる工場長であった。この工場長は、うまくいけば数カ月規模の短縮になる。これをやらない手はない。と判断し、自身の権限で動かせる工場に絞り挑戦することを正として、失敗を許容した。といっても失敗をすると、新しい技術や手法に疑問が湧き、機運が弱まるのは間違いない。そこで、無理やりにでも1つの成功事例をつくったのだった。これはＱｕｉｃｋ Ｗｉｎと呼ばれるもので、変革を主導し、他メンバーを巻き込むためには必要な出来事で、成功を体験することで、うまくいきそうであるという意識から個人の行動を前向きにさせ、気づくとその前向きなメンバーが増えていくという効果を生むものである。無理やりにでも1つの成功事例をつくる、と説明したが、当然、そんな成功事例がつくれるなら苦労しない、と疑問に思われる方もいるかもしれない。まさしくその通りであるのだが、事実として強い想いを持って、信じて、成功させるしかないのである。ここには、危機感とやる気と、正義感と……といったいろいろな想いが必要で、覚悟とその気迫で不思議と成功をしてしまうものなのだと理解している。

例にあげた、欧州完成車メーカーでは、この新しい手法は従来の手法に比べて数カ月単位で車体開発期間が短縮されることが期待され、今年から全車種に適用されることが決定している。ここまでくるのに、5年かかっている。ただ、まだ何もスタートしていない企業は、同じような手法を適用し、効果を出すまでに、同じような苦労をしながら、同じような期間を要することになる。

このように技術進化が激しい現在では、意味のある技術を見定めることは重要なのであるが、見定めることに時間ばかり割いてしまいスタートできないこと自体がリスクとなることを理解する必要がある。早くスタートして実益を出すことを組織としてできることが、差別化要因となるのである。

6.5　1人1人が覚悟を持って

さんざん経営者が重要と言ってきたが、必ずしも読者の皆さんが経営者であって、マネジメントを担っているというわけではないと思う。それでは、経営者がダメだから、自社には戦略がないから……と言っていればよいわけではないことは、もちろん理解されていると思う。

WBC日本代表やワールドカップ日本代表のような突き抜けた一流のスポーツ選手が口をそろえて言うのは、「準備に集中する」「準備をしてきた」である。つまり、試合結果を直接コントロールすることはできないが、試合結果でいい結果を出すために自分のやるべきことはきっちりとやってきた、ということである。コントロールできないものの責任にはしていない。

日本の行く末、企業の行く末に不安を感じた場合に、コントロールできない外部環境や他人を嘆くのみではなく、自分はこれから何ができるのか？　何をすべきであるか？　責任を持って自分で考えて、誇りを持って腹をくくって勝負をして欲しい。この難しい時代を乗り越えていくには、最後はいつまで考えていてもしかたがない、結局やるしかないのだ。

第三部

取り残された日本のモノづくり

モノづくりのコピーマスターがデジタルに変革していることを、約50年前の非球面レンズ量産化を例に第一部で説明した。そのデジタル形状をコピーマスターとして扱うための社会インフラの成長が著しい。

コピーマスターの内容は形状のデジタル化だけに留まらず、設計仕様パフォーマンス／制御アルゴリズムも含めたデジタル情報を統合したモデルであるバーチャルモデルがその役割として成長している。デジタルデータの保証、インターフェースフォーマット、３Ｄ図面ルールなどの規格、標準化施策などは「モノづくりのコピーマスターがリアルからバーチャル」への変革のための社会基盤づくりとして、インダストリー4・0などの各国デジタルモノづくりの政策が動いているかのように感じ取ることできる。コピーマスターのバーチャル化について、各国が政策を作成し、研究所を設定し、教育を変え、社会の変革を伴う大きな変化の中に、我々の現在があるのではないだろうか。

社会システムのいたるところでデジタル化が進んでいる。そのデジタル化の活用について、日本が世界の中で遅れていることも言われている。スイスの国際経営開発研究所（ＩＭＤ）の世界デジタル競争力ランキング２０２２ではデンマーク、米国、スウェーデン、シンガポール、スイスが上位の５カ国で、日本は29位。アジアを見ると韓国8位、台湾11位、中国17位と続く。モノづくりで世界をリードしてきた日本というイメージからか、日本の製造業のデジタル化も遅れていること自体が知られていないようだ。その理由にはいろいろとあるようだが、その背景を示す情報が存在するので紹介したい。

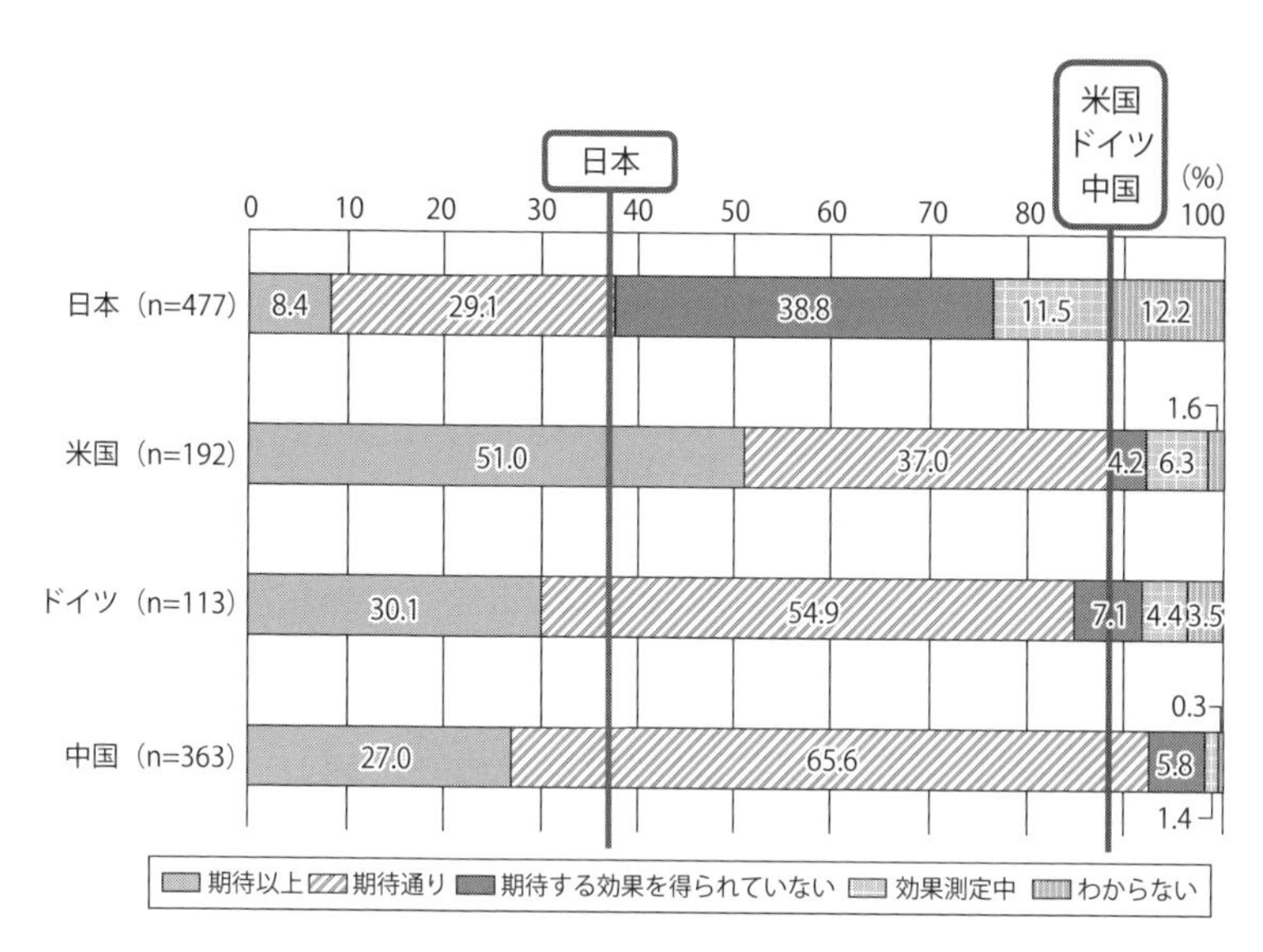

出典：総務省「国内外における最新の情報通信技術の研究開発及びデジタル活用の動向に関する調査研究（2022）」「新規ビジネス創出を目的としたデジタル化の効果（国別）」に筆者追記

図　新規ビジネス創出を目的としたデジタル化の効果

２０２２年、総務省が調査した「国内外における最新の情報通信技術の研究開発及びデジタル活用の動向に関する調査研究」に日本のデジタル化に対する理解度合いを示す情報として、米国、ドイツ、中国、日本の４カ国の企業群へのデジタル化効果に関するアンケート調査報告結果がある。**図**「新規ビジネス創出を目的としたデジタル化の効果」を例に説明する。

この図を見ると米国、ドイツ、中国では「期待以上」「期待通り」が80％を超える。それに対して、日本のデジタル化の効果は40％以下である。日本のデジタル効果だけが米国、ドイツ、中国の３カ国の半分以下なのだ。この調査には次の項目の結果も示されている。

○生産性向上を目的としたデジタル化の効果
○データ分析・活用を目的としたデジタル化の効果
○商品・サービスの差別化を目的としたデジタル化の効果

これらも、効果が80％前後の米国、ドイツ、中国に対して、日本はその半分である。

この結果から日本では、デジタル活用の目的を理解していないのか、デジタル活用が下手なのか、いろいろと理由はあるとは思われるが、デジタル投資して試してみたがダメだったという評価だけが拡がることになる。この２０２２年の調査結果を眺めるだけで、このような日本の状況が見える。

第三部の第七章では、デジタル効果を発揮するための各国の産業育成政策のもと、研究機関の設立などの施策を説明することで各国の意気込みを理解したい。第八章では日本のモノづくりデジタル技術推進の状況と背景を説明し、課題対応を考察する。また、日本では現在、推奨する公的サーバーやＣＡＤ／ＣＡＭ／ＣＡＥなどを活用する共用デジタル環境が存在しない。そこで、第九章では稚拙ながら、その環境構築の１つの提案を行う。

最後に四半世紀を超える日本の３Ｄ化、バーチャルエンジニアリング推進展開の中で得られた各種体験から課題をあぶり出し、緊迫感にあふれた対応が必要な現在の日本のモノづくり改革を考察する。

第七章

欧米で高度化する
バーチャルエンジニアリング
環境

7・1　世界を巻き込む新たな製造業の流れ

この30―40年、モノづくりの考え方、製造技術、ビジネスモデルなどの改革が進んできた。特に21世紀に入ってからは、急速に製造業のデジタル化、バーチャル化が進んだ。2010年、ドイツのアンゲラ・メルケル首相の発表したIndustry 4.0（ドイツ語 Industrie 4.0）により、その実態が知らされ、世界中で〝新たなモノづくり〟改革の加速が始まっていることが実感させられた。この10年間のモノづくり、開発、イノベーションの分野での進展はラットイヤー、ドッグイヤーと言えるほどの速い進展となっている。

このスピードに追随できる企業は限られてくる。デジタルを活用できる人と、活用できない人に格差（デジタル・デバイド）が生まれている、と1990年半ばに、当時の米国副大統領のアル・ゴア氏が言った。これが「デジタル・デバイド」の初の公的な場での発言とされている。このデジタル・デバイドが人だけでなく、各産業の各企業へも影響している。

製造業のデジタル・デバイドを解消するため、そして、国としての製造業の拡大推進のため、さまざまな政策が2010年以降、各国で進んでいる。この新たな改革のコアであるバーチャルエンジニアリングの動きに対し、各国はどのような対応をしているのであろうか。

欧州と北米のデジタル&バーチャルエンジニアリング技術の推進状況を眺めると、製造業で世界をリードするための政策を打ち出している。各国における製造業の位置づけと政策の動きを眺め、そして知ることで、将来の姿を理解することができそうである。

欧州から始まったバーチャルエンジニアリング基盤の構築展開は、次の3項目を基本に普及してきた。

①基盤データである3Dバーチャルモデルの活用技術
②個々の3Dバーチャルモデルを連携し、ビジネス展開する連携技術
③企業間を越えた3Dバーチャルモデル連携の機密と知財権活用の契約技術

これら技術基盤とそれらを活用するビジネスモデルは全世界を巻き込み、非常に速い速度で環境の構築と普及が進んでいる。その展開の方法は各国で多少の違いがあるものの、産業育成のための政策と研究機関を設立させるなど、その推進は、技術の覇権争いを行っているように見える。

7・2　一丸となった欧州の動き

欧州の決意

現在では、年間1兆円を軽く超える産業育成プログラムに成長したフレームワーク・プログラム（FP）を進めるにあたって、1983年、次のような決意書が発行された。第2次世界大戦後の米

国による世界経済の席巻、1960年代後半、1970年代の日本の高度成長期を眺め、それを経験した当時の欧州の並々ならぬ決意がうかがわれる内容だ。

20世紀に出された決意書「リーゼンフーバー基準」

1983年前半、ドイツが欧州連合（EU）議長国の際、FPにおける汎欧州の研究開発の正当化のために4項目の基準が出された。

①加盟国だけでは実施できない、あるいは実施することが困難な大規模研究
②国の枠を越えて共同で実施することにより明白な利益につながる研究
③加盟各国が分担して実施するのが適切であるが、EU全体が共同で実施することにより初めて意味のある成果が得られるような相互補完的な研究
④統一市場を完成させるために有為な研究および統一標準規格を確立するための研究

1987年以降、上記に次の2項目が追加された（日欧産業協力センター資料「EUフレームワーク・プログラムと研究開発・イノベーションの促進」より引用）。

⑤経済社会的統合の可能性と流動性の向上（1987年―）
⑥欧州の科学技術の可能性と流動性の向上に役立つ活動、および加盟国各国間、各国とEUの間、あるいは、EUとその他の国際機関の共同研究開発プログラムの調整を進めるための活動（1994年―）

ぶれずに40年近く展開

　1984年に始まった欧州産業育成のFPが40年近くにわたって全分野の産業全体をリーディングしてきた。それらが2005年頃からモノづくり、設計、情報通信技術（ICT）などの各技術の分野で、その技術の確立と普及、社会システムの整備も含めた展開を継続しており、現在に続いている。

　20世紀（1983年）に出された決意書（The Riesenhuber Criteria）が21世紀の現在もそのまま継続されているとともに、新たな項目が追加され、2020年代に向かったプランも含め、ぶれずに正確に展開しているのが欧州らしいと言えるのかもしれない。

欧州で産業育成シナリオが1980年代前半にスタート

　EUの産業競争力を強化するため、欧州議会が作成した産業育成シナリオのもと、欧州多国間協力による包括的な研究開発プログラムであるFP（Framework Programmes：フレームワーク・プログラム）がスタートしたのが1984年である。FPは、欧州が日本、米国との間に拡がったテクノロジーギャップを埋め、欧州産業のイニシアティブを取ることを目的に生まれたと言われている。この産業育成の政策シナリオの施行は現在まで40年近く継続しており、当初は欧州諸国のみであったが、2003年スタートのFP6から、産業の競争力をより強化するため、欧州以外の国が参加する国際協力も始まった。ただし、FPの基本的な考えは、欧州地域の産業育成が中心と思われる。

2014年からのFP8はHorizon 2020の名称で行われ、2021年からはHorizon Europe（FP9）のプログラム概要がすでに発表されており、動き出した。欧州議会の産業育成シナリオは今後40年を超えて継続することになる（**図7・1**）。

フレームワーク・プログラムの動き

FPシナリオ施行に費やされた欧州全体での研究機関などの予算が公開されている。この予算は、欧州議会が提案するFP項目に絡んだ研究を行っている各国の研究機関、教育機関などが1年間に費やした費用の合算である（**図7・2**）。1984年の予算に対し、現在では数十倍に成長している。予算が数十倍に成長したということは、つまり欧州全体がこの欧州議会の提案するプログラムの考えにフォーカスしてきた結果と言える。これは欧州各国の研究機関、教育機関などの動きがFPのシナリオに合い、欧州全体が一枚岩になっていることを意味する。欧州各国の産業育成のための結束の強さがうかがえる。

欧州FPの各施策は終了した時点で、結果が公開される。**図7・3**はFP7（2007─2013年）の7年間で進められた研究・技術開発の各項目と予算を分類した図である。この図から、FP7においては、ICT分野の予算が一番大きいことがわかる。年平均で見ると2000億円費やされており、研究機関、教育機関などが連携され、長い期間、継続された結果、技術構築と社会システムとの融合が行われてきたと思われる。この費用は近年のGAFA（Google、Amazon.co

第1次フレームワーク・プログラム（FP1）：
- 1984～1987年、予算33億ユーロ
- 「欧州の産業の科学技術基盤を強化し、国際社会レベルでより高い競争力を得るため」

第2次フレームワーク・プログラム（FP2）：
- 1987～1991年、予算54億ユーロ
- この当時から予算の40%を超える予算を「情報通信社会」のテーマに割いている

第3次フレームワーク・プログラム（FP3）：
- 1990～1994年、予算66億ユーロ
- 地球規模での欧州の産業競争力を促すことを目的とする「欧州産業界の科学技術基盤の強化」があげられていた

第4次フレームワーク・プログラム（FP4）：
- 1994～1998年、予算132億ユーロ
- 国や専門分野を横断し、知識共有の機会を持った研究者の育成を目指した

第5次フレームワーク・プログラム（FP5）：
- 1998～2002年、予算149億ユーロ
- イノベーション促進と中小企業参加の奨励のテーマ

第6次フレームワーク・プログラム（FP6）：
- 2002～2006年、予算193億ユーロ

第7次フレームワーク・プログラム（FP7）：
- 2007～2013年、予算505億ユーロ
- 急激に予算が増額された

第8次フレームワーク・プログラム（FP8：Horizon 2020）：
- 2014～2020年、予算748億ユーロ

第9次フレームワーク・プログラム（FP9：Horizon Europe）：
- 2021～2027年、予算955億ユーロ

図7.1　欧州におけるFPの歴史

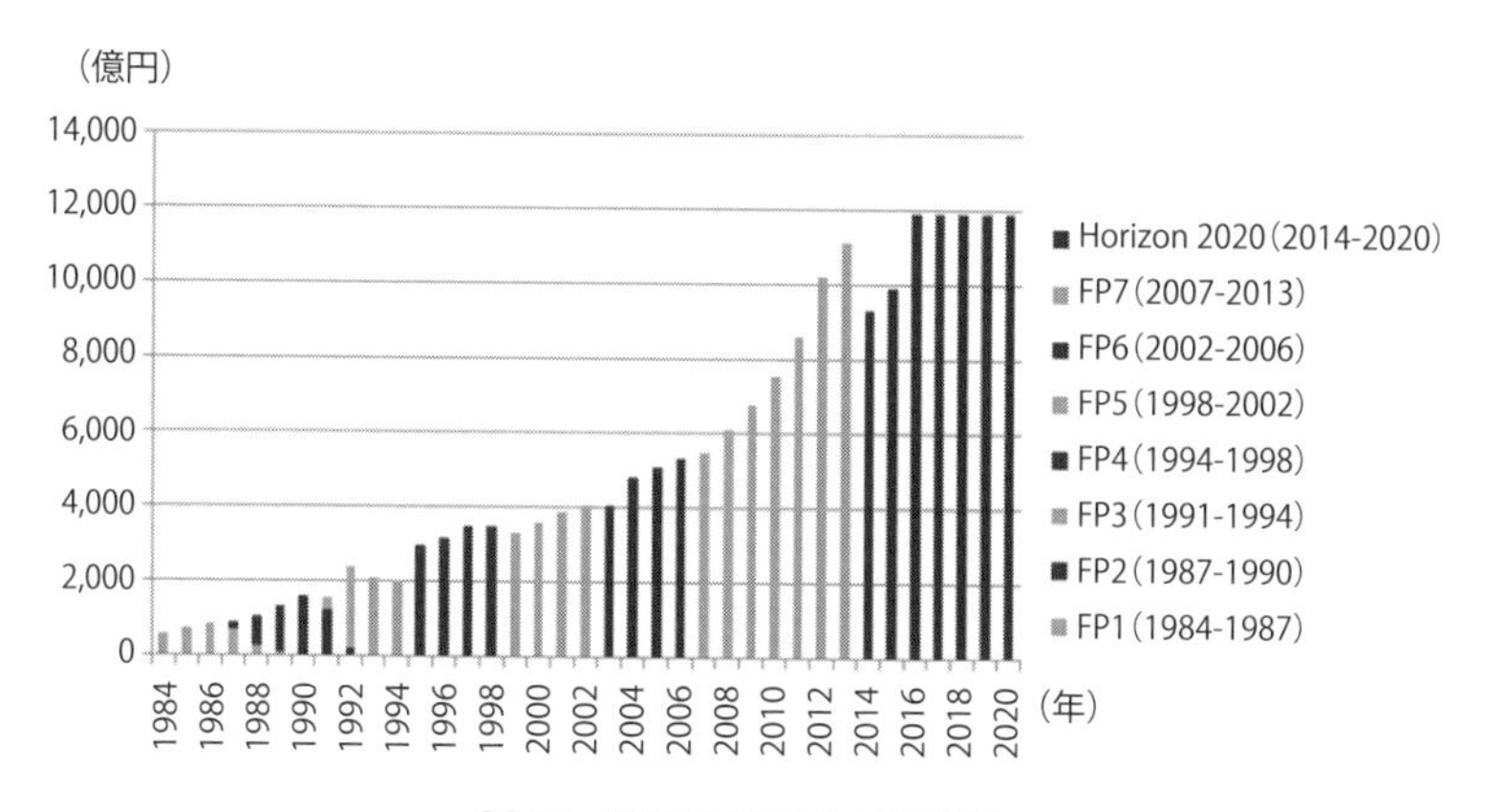

図7.2　欧州FP活動の予算推移

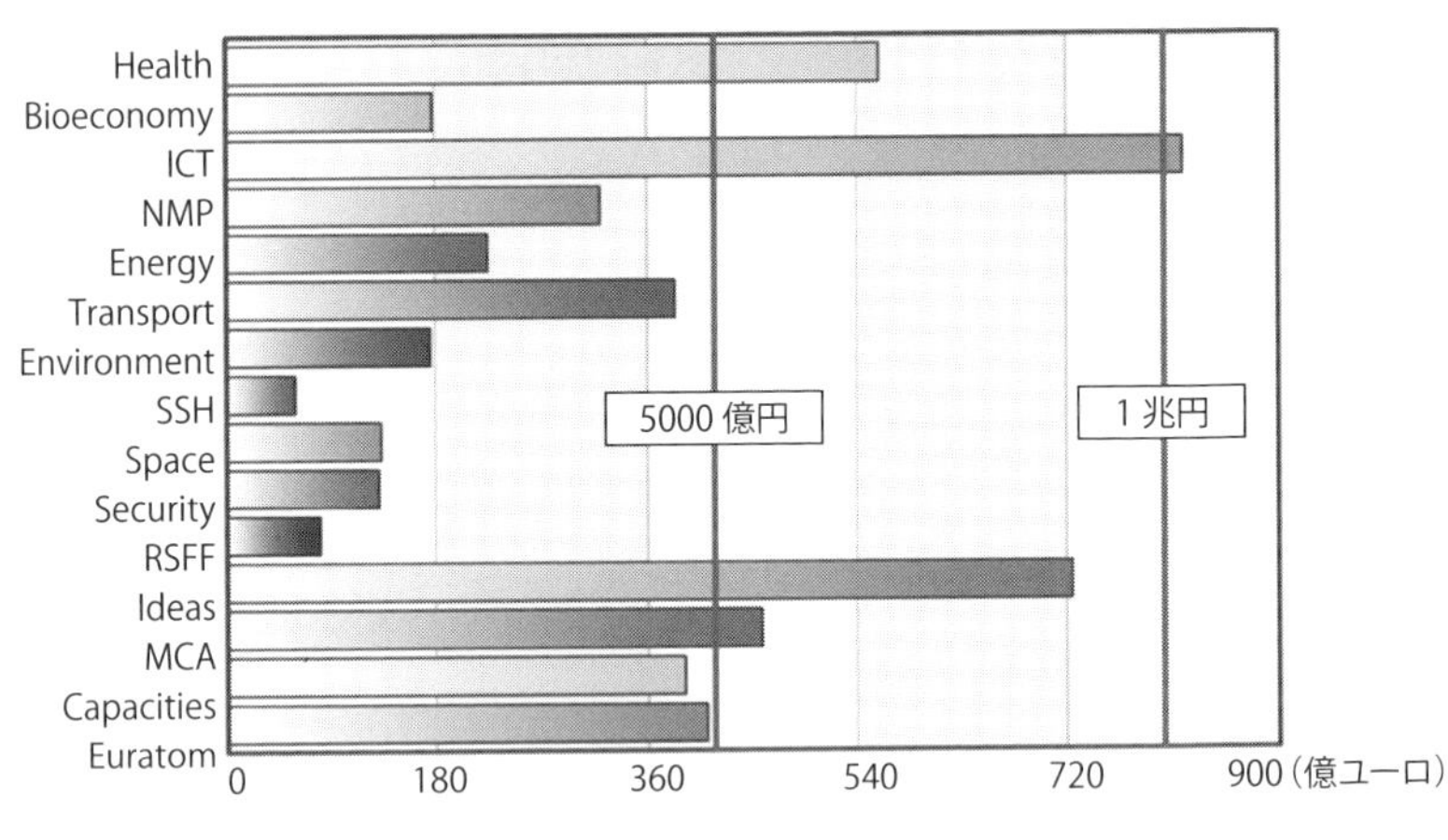

図7.3　FP7の研究・技術開発項目と予算

m、Facebook（現Meta）、Apple Inc.）の年間1兆円前後のICT投資額には届かないが、欧州全体が長年継続してきた強みは大きいと思われる。スタート当初から提唱された情報通信社会／産業界の近代化は現在まで、継承され、発展、成長が進められている。

事業化視点のEUREKA

FPが欧州議会発の産業育成シナリオであるのに対し、EUREKAは研究開発と事業化のため、各国政府と企業がよりよい関係で展開するための欧州先端技術共同研究計画と言われている。

設立は1985年7月であり、これも35年以上の活動である。この構成の中にEUの中の欧州委員会と欧州の27の加盟国が参加しているが、それに加えて、ロシア、カナダ、韓国なども加盟し、41のメンバーで構成されている。EUREKAはEU下の研究計画ではないが、政府・国家間を越えた存在として、今日に続く。

FPとEUREKAの協業例

ＦＰとＥＵＲＥＫＡの協業の例がいくつか存在する。このバーチャルエンジニアリングに絡む協業の例では、ソフトウェアイノベーションの分野における業界主導のＲ＆Ｄ＆Ｉ（Inovation）プログラムＩＴＥＡ（Industry-driven cooperative R&D programme for maintaining European leadership in software- intensive systems）が設定されているのが知られている。

このＩＴＥＡのＲ＆Ｄ＆Ｉのプログラムは1から始まり、現在はＩＴＥＡ4まで継続されている。そのＩＴＥＡ2のプログラムの中でシミュレーションモデルを連携するインターフェース規格のＦＭＩ（Functional Mock Up Interface）の構築が行われた。

これは、２０００年代に入り、３Ｄ設計とＣＡＥによる解析が普及し、欧州の自動車会社、メガサプライヤーへ、サプライヤー別に開発した部品のバーチャルモデル（シミュレーションモデル、３Ｄ設計図）をＯＥＭ、サプライヤー間で行き交い、納入していた。そのシミュレーションモデルを用い、自動車会社、メガサプライヤーが、車1台、製品1台の統合した複合解析を行いたいが、２０００年代の当時は、多くの異なるシミュレーションツールが使われているため、直ちに連携した解析ができなかった。このため、シミュレーションの検討ごとにモデルのデータ変換や、インターフェース作成が各企業の中で行われていた。

運営委員会の初期メンバー	プロジェクト参加メンバー
ダイムラー、 ダッソー・システムズ、 IFP EN、 ITI、 LMS、 MODELON、 QTronic、 SIMPACK	アルミネス、AIT、ATB、AVL、 アルトラン、ダイムラー、 ダッソー・システムズ、 ダッソー・システムズ AB、 デビッド、DLR、 Fraunhofer (IIS/EAS First、SCAI)、 ジーンソフト、University of Halle、 IFP エナジーズヌーヴェル、 LMS イマジン、インスパイア、 シムパック、ITI、 LMS インターナショナル、 Q トロニック、トライアル、 トライフェーズ、TWT、 ヴェルハールト、 フォルクスワーゲン、ボルボ、 モデリカ協会プロジェクト

諮問委員会の初期メンバー
Armines、 DLR、 Fraunhofer (IIS/EAS First、SCAI)、 Open Modelica Consortium、 TWT、 University of Halle

図7.4　多くの団体メンバーが参加したModelisarプロジェクト

こうした課題のため、２００８年、欧州議会の運営する産業育成プログラムＦＰ（Flame Work Programe）と欧州各国中心の政府・国家間を越えた研究開発と事業化の共同体（ＥＵＲＥＫＡ）が共同で企画したプログラムＩＴＥＡ２の中の下部プロジェクトとしてＭｏｄｅｌｉｓａｒが設定された。この欧州プロジェクトＭｏｄｅｌｉｓａｒは３Ｄモデルを用いたシミュレーション連携のためにドイツのダイムラー社がリーダシップを取り、14の自動車会社と総勢29の団体が協創したことでシミュレーションモデルを連携するインターフェース規格ＦＭＩが成立した（**図７・４**）。このインターフェースは２０１１年より、欧州中心にほぼデファクト・スタンダードとなり、シミュレーションモデル連携を自由にできるようになった。このような推進もＥＵＲＥＫＡとＦＰの下部協業の1つである。

欧州の主導するデジタル化施策項目

2012年に、次のような欧州のデジタル化施策項目が公開されている。

「欧州デジタルアジェンダ―欧州の成長をデジタルによって促進―(2012)」

デジタルアジェンダの政策評価

[1] 国境のないデジタル経済の促進：特に著作権

[2] 公的部門の革新の迅速化：電子政府の共有

[3] 超高速ネットワーク接続：競争の促進

[4] クラウドコンピューティング：欧州クラウド協力

[5] 信頼性および安全性の保障：サイバー危機対策

[6] ウェブを用いた起業ならびにデジタル雇用および技術：技術者不足対策

[7] 技術革新の鍵となる情報通信技術の研究・開発・革新：資金提供

他の欧州のデジタル関連施策

2010年には2020年に向けたEurope2020というデジタル施策が公表されている。

この目的はインターネットを基盤とする経済活動デジタル革命の恩恵をすべての人に拡めると言われ

ている。その内容を列挙する（2015年2月18日セミナー「Horizon 2020における情報通信（ICT）分野と日欧連携」の中の「ICT分野に於けるEUフレームワーク・プログラムの歴史的背景と日欧連携の意義」日欧産業協力センター資料より引用）。

①デジタル分野の市場統合
②標準規格および相互運用性の改善
③インターネットの信頼性および安全性の向上
④インターネットアクセス確保と高速化
⑤最新技術の研究開発
⑥デジタルデバイドの解消
⑦多目的な技術開発

このように欧州議会が産業育成プログラムを設定し、そのシナリオに合わせ、欧州各国が新しいデジタル技術構築とデジタル産業を育成する展開が40年近く続けられ、新しい概念と技術のリーディングを進めていたことになる。

7・3　先行したドイツの国家政策

欧州のEU政策の中心と思われるドイツの政策として、2010年にメルケル前首相から発せられたインダストリー4・0がドイツの産業育成政策として世界中に影響を与えた。正確には、慌てさせたと言うべきかもしれない。

例えば、2013年2月、当時の米国バラク・オバマ大統領が一般教書演説でモノづくりを米国に戻す旨の説明を行った。この演説は明らかにドイツのインダストリー4・0の内容を意識した内容であった。米国の政策については後述するが、強い意志を持った研究機関設立が続いている。

話を戻そう。2015年、ドイツはより幅広い課題に対応するため、政府、産業界、労働組合や研究所が参加する裾野の広いプロジェクトへとインダストリー4・0プラットフォームの組織体制を再編成した。インダストリー4・0は一種の産業革命であることから、この推進により労働環境も大きく変わる。このこともあり、労働組合が参加する組織体制となっている。ドイツの法律では、労働組合が経営、政策の施行などに参加することが義務づけられているとのことで、労働組合がインダストリー4・0の展開へ参加することは当然の組織運営と思われる。

インダストリー4・0のはじまりは量産コピーマスターのデジタル化だった

インダストリー4・0プラットフォームの組織体制は、経済エネルギー大臣、教育研究大臣、産業界の代表者、労働組合、科学的・政治的支援のもとに全体をまとめ推進していることがわかる。その下に、運営委員会、戦略グループ、ワーキンググループなどが設定されている。

その中で戦略グループは政府・産業界・組合研究機関のトップリーダーが連ねている。「国際的な標準化」活動が独立して表示されており、このインダストリー4・0プラットフォームの組織体制の中で、あえて重要項目として表示されていることに筆者は驚くが、目的を知ると「なるほど」と思う。

この目的はわが国においては、例えば社内の各工場間で図面および製造情報のやりとりによって生産調整を行っている例は存在しているが、それがリアルタイムで、なおかつ系列企業を越えた工場の生産最適化は行われていないと思われる。ドイツ・インダストリー4・0は、系列企業を越えて、稼働率の低い工場で製品を生産し、ドイツ国内での工場稼働率の平準化を目的としている。このため、ドイツの特定の企業の競争力向上ではなく、ドイツ国内の企業全体の競争力底上げとなる。

その推進のため、

○通信規格の国際標準
○サプライチェーンや顧客との間でのリアルタイムにデータを共有・分析
○設備稼働率平準化、多品種少量生産、異常の早期発見、需要予測

（インダストリー4.0で目指す自律生産システムのイメージ）

○通信規格の国際標準化
○サプライチェーンや顧客との間で、リアルタイムにデータを共有・分析
○設備稼働率平準化、多品種少量生産、異常の早期発見、需要予測などが可能に

ドイツの2つの狙い
① 国内製造業の輸出競争力強化（工場の国内回帰、中小企業の生産性向上）
②ドイツの生産技術で世界の工場を席巻

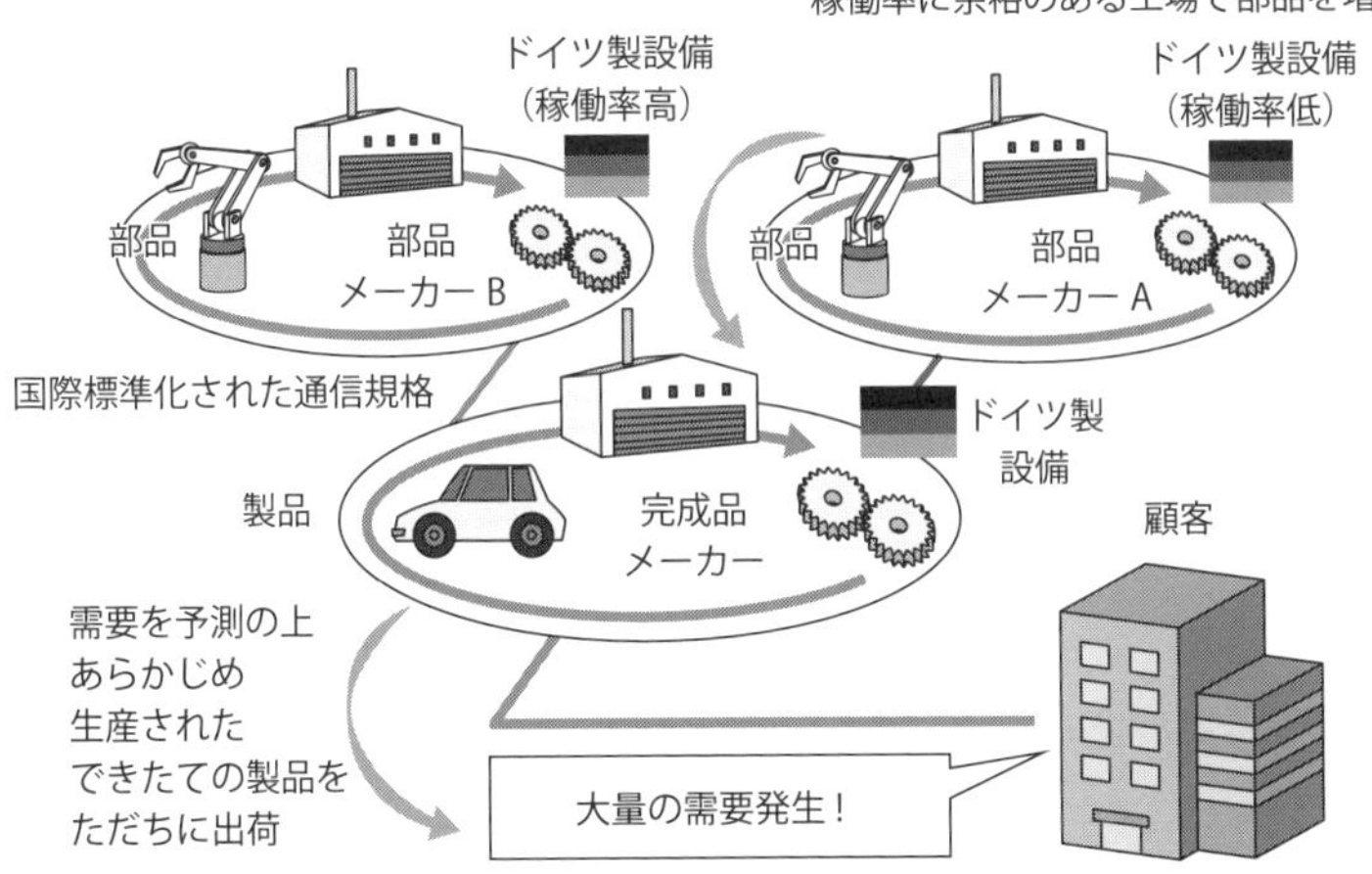

出典：平成28年10月日本機械学会「第26回設計工学・システム部門講演会 WS2 Virtual Engineering 時代の設計／ものづくり」経済産業省製造産業局講演資料「第四次産業革命への対応～我が国の製造業の方向性」より一部抜粋

図7.5　ドイツのIndustry 4.0の製造業競争力強化の考え方

を行い、ドイツは
①国内製造業の輸出競争力強化（工場の国内回帰、中小企業の生産性向上）
②ドイツの生産技術で世界の工場を席巻
を狙った展開を行っている（**図7・5**）。

これは量産コピーマスターがデジタルであることが前提で、その確立展開活動がインダストリー4・0だと考えると、その活動内容の理解が早まる。

フラウンホーファー研究機構

ここでフラウンホーファー

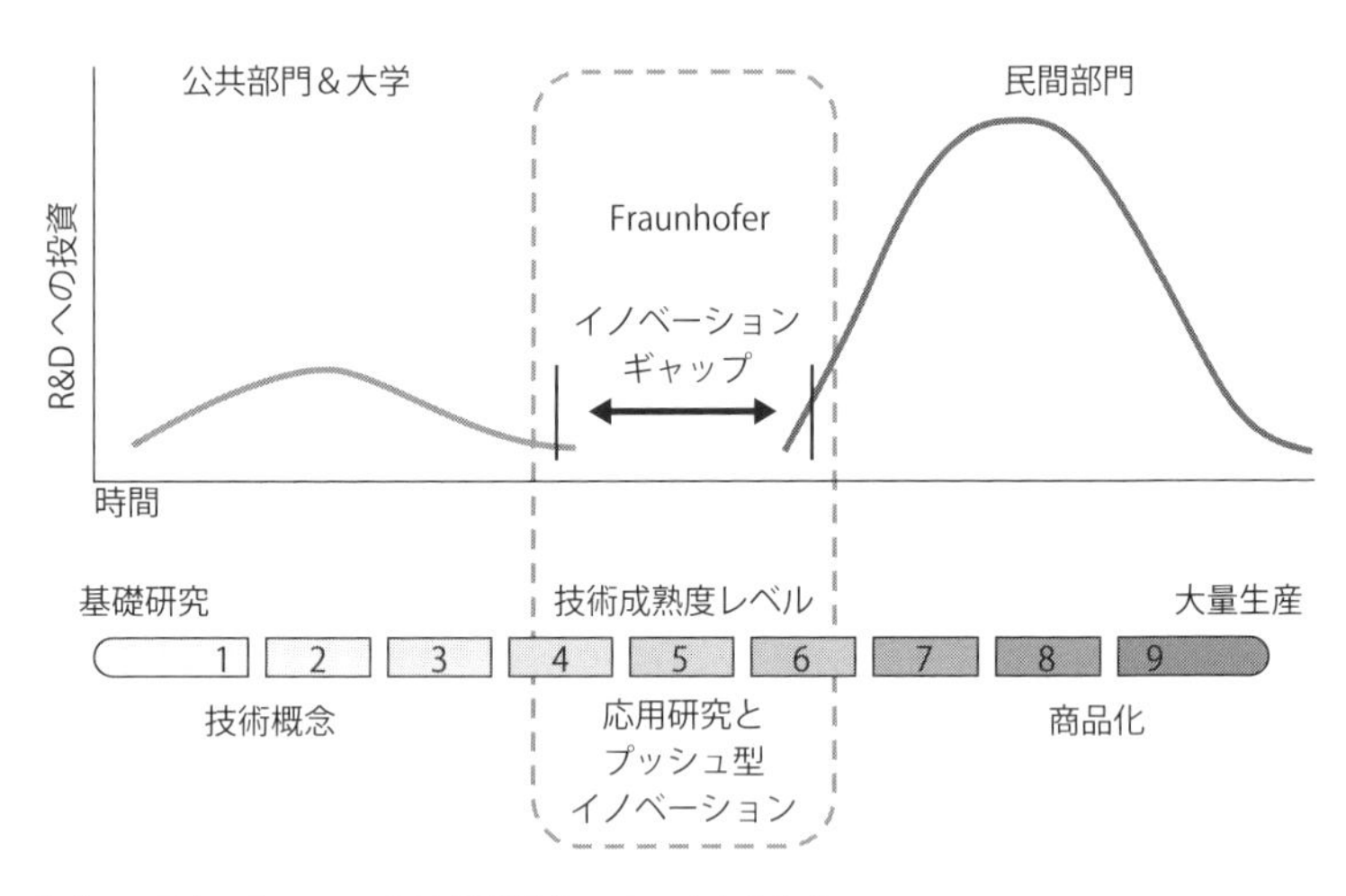

出典：フラウンホーファー日本代表部パンフレットより作成

図7.6　技術と人材の両面において産学の橋渡し役を担うFraunhofer

研究機構について説明する。フラウンホーファー研究機構は欧州最大の応用研究機関である。ドイツの公的機関であり、予算のうち30％を経営維持費として、ドイツ連邦政府と州政府から供与されている。基本的には、民間企業や公共機関向けに、社会全体の利益を目的として、実用的な応用研究を行っている。研究予算の主な財源は民間企業からの委託、公共財源による研究プロジェクトなどである。

インダストリー4・0の発表前後より、デジタル施策の推進で中心的な役割を果たすフラウンホーファー研究機構の存在は大きい。大学、基礎研究機関と産業界の間に位置する研究機関として、技術と人材の両面における産学の橋渡し役として機能している（**図7・6**）。

このフラウンホーファー研究機構がバーチャルエンジニアリングをはじめ、インダストリー4・

0に関連する技術状況、推進のやり方、環境の構築のための将来の姿、技術指導などの普及推進を行っていることになる。後述するが、ｔｈｅＭＴＣを代表とするイギリスの各研究センターもフラウンホーファー研究機構を意識して設立されたと言われている。

日本の産業技術総合研究所とは、共同研究開発と人材交流の包括研究協力の覚書を取り交わしている。インダストリー4・0のような政策活動がまだ本格的に進んでいない日本においては、産業技術総合研究所がフラウンホーファー研究機構の位置づけのような活動を行うことを期待したい。

7・4　必死になったイギリス、新設した研究機関

国の産業育成政策の動き

イギリスはＣａｔａｐｕｌｔ（カタパルト）という独立した非営利の民間組織を設立した。各産業分野でのイノベーション能力を変革するためのシナリオを発信し推進する機能を持つ。そのシナリオに従い、次の3つのカテゴリーにコンセプトを分類している。

①先端的な製造業
②知識集約型サービス業
③産業インフラ

表7.1　7つのCatapult研究センター

	名称	領域	形態
1	Advanced Forming Research Centre（AFRC）	革新的な製造技術、研究開発、金属の形成と鍛造の研究	独立した研究機関として設置
2	Advanced Manufacturing Research Centre（AMRC）	高価値製造部門向けの構造試験とトレーニング	The University of Sheffield 内に研究センター設置
3	The Centre for Process Innovation（CPI）	科学と工学の応用知識と最先端の開発施設を組み合わせ、顧客が次世代の製品やプロセスを開発、証明、試作、スケールアップ可にする	Wilton Centre と併設
4	Manufacturing Technology Centre（MTC）	産業、学術機関、その他の機関と提携して、協調的に低リスクな環境で革新的な製造プロセスと技術を開発、顧客にオーダーメイドの製造システムソリューションを提供	独立した研究機関として設置
5	National Composites Centre（NCC）	複合材料	独立した研究機関として設置
6	Nuclear AMRC	企業が原子力市場に参入し、世界中で競争するのを助けるために、サプライチェーン開発支援を提供	The University of Sheffield 内に研究センター設置
7	Warwick Manufacturing Group（WMG）	車両電動化と自律走行車（CAV）技術リードセンター サプライチェーンの競争力向上のためのデジタルマニュファクチャリング技術	School of Engineering, University of Warwick 内に設置

これらの基本的な考え方はイギリスが弱みとする技術の商業化を支援することが目的で、そのために必要とする技術と設備を企業に提供する形をとっている。その進め方として、イギリス全土にわたり、大学と7つのイノベーションセンターを含めたネットワークを形成している（**表7・1**）。その展開のプログラムは国家経済の重要なセクターと市場の成長、人材の育成、雇用創出の提供、地域内および全国の経済的、社会的繁栄を目的としている。

カタパルトのイノベーションセンターは、最先端の研究開発のインフラを備えたセンターとなっている。カタパルトには、新たな革新的製品やプロセス、サービス、テクノロジーなどを構築、推進するための技術専門家が揃っている。このカタパルトが関与する分野は、製造、宇宙、健康、デジタル、エネルギー、輸送、通信、都市環境など、幅広い分野となっており、すでに何千もの革新的なビジネス協業を行っている。

カタパルトの各研究センターは、ドイツのフラウンホーファー研究機構を意識して設立されたとされる。俗にいう「死の谷」と「ダーウィンの海」のような研究と産業間のギャップを埋めることで、社会や産業が今日直面している最大の課題に取り組む手助けを行っている。これは技術の商業化を支援することが目的で、実証実験のための最新鋭の設備を企業に提供する。特に、自社で実証実験のための施設を持つ余裕のない中小企業支援が念頭に置かれている。

知識、インフラの紹介利用、コラボレーションを通じて、カタパルトは今日の産業の生産性を高め、明日の市場を作り出すことを目的として非常に効果的な動きが見られる。

２０１３―２０２０年の成果は以下の通りであり、具体的に活動した結果である（カタパルトＨＰより）。

○産業界とのコラボレーション数：１万４７５０
○サポートされた中小企業数：８３３２
○アカデミックとのコラボレーション：５１０８
○国際プロジェクト数：１２１８

集合知であるカタパルト政策

世界をリードする技術、イノベーションを目指すカタパルト政策の1つとして、イギリスものづくり推進センター（ｔｈｅＭＴＣ：The Manufacturing Technology Center）が運営されている。ｔｈｅＭＴＣは２０１０年に設立、２０１１年に稼動し、ドイツのフラウンホーファー研究機構に近い動きをしている。

ｔｈｅＭＴＣはイギリス政府からの予算以外に、企業や大学・研究機関からジョイントプロジェクトの形で、人と資金と技術が持ち込まれる。企業からはニーズも持ち込まれることになる。筆者は２０１５年に訪問し、巨大な施設を眺め、またイギリスを中心とした産業の将来像を聞き、本気度を感じたことを思い出す。

ｔｈｅＭＴＣの活動例

カタパルトの研究センターの1つであるｔｈｅＭＴＣは、イギリス全体の製造業における技術革新を積極的に促す役割を持つ（**図7・7**）。バーチャルエンジニアリングを駆使した最新のモノづくり技術を普及展開しており、その内容は以下の通りである。

○企業とｔｈｅＭＴＣがジョイントし新技術を構築
○必要とする企業への技術習得訓練（何カ月も通い最新の手法を身に着ける）

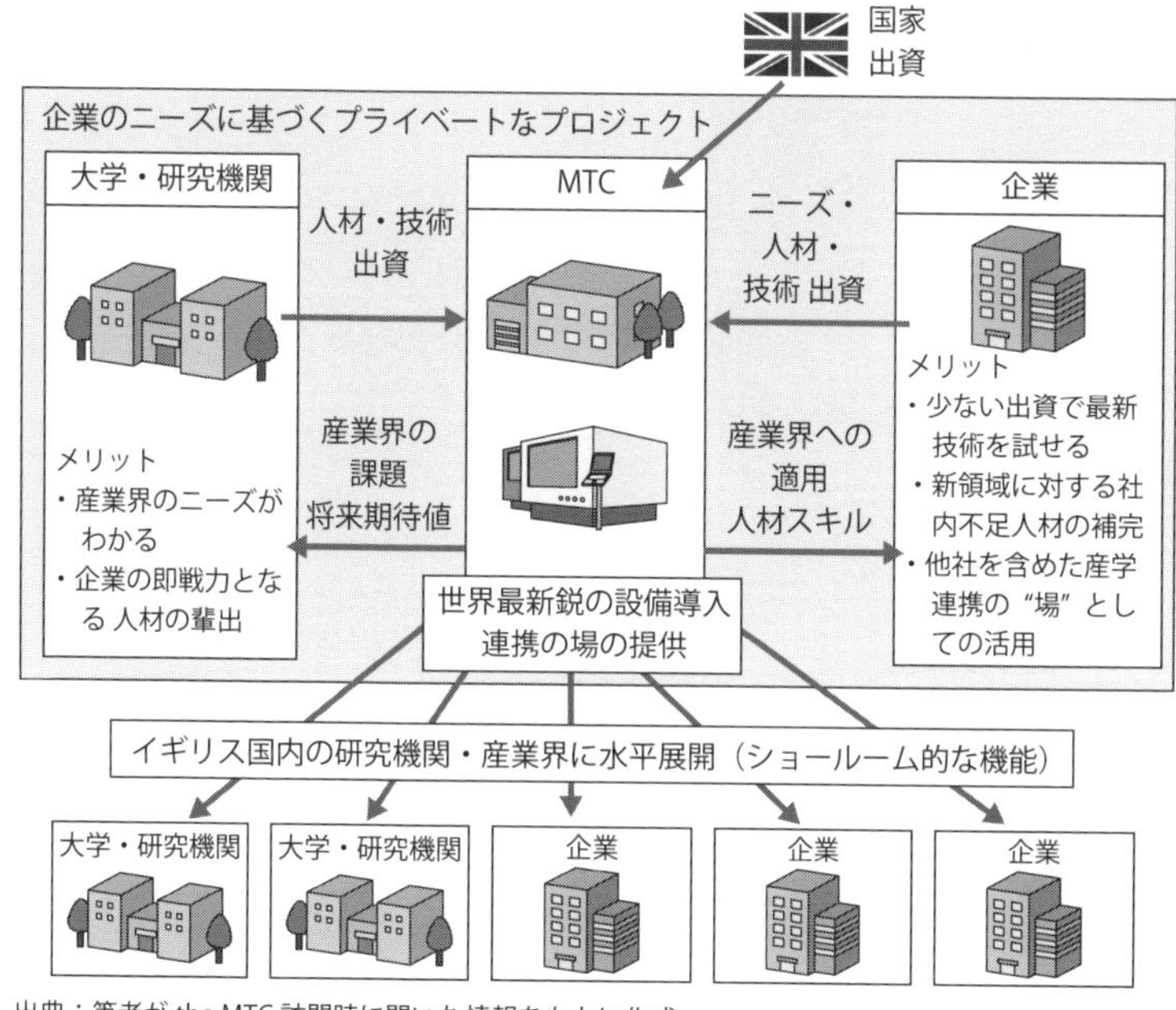

図7.7　the MTCはイギリス全体の製造業における技術革新を積極的に促す役割として機能

○講習会、技術指導を多方面で開催し普及対応

◎企業側のメリット

○少ない出資で最新技術を試せる

○新領域に対して社内で不足する人材の補完

○他社を含めた産学連携の〝場〟としての活用

◎大学・研究機関のメリット

○産業界のニーズがわかる

○企業の即戦力となる人材の輩出

theMTCには、世界中から最新鋭のモノづくり設備が導入されている。設備を提供する側と利用する側との連携の場にもなっている。そのため、この設備自体がショールーム的な

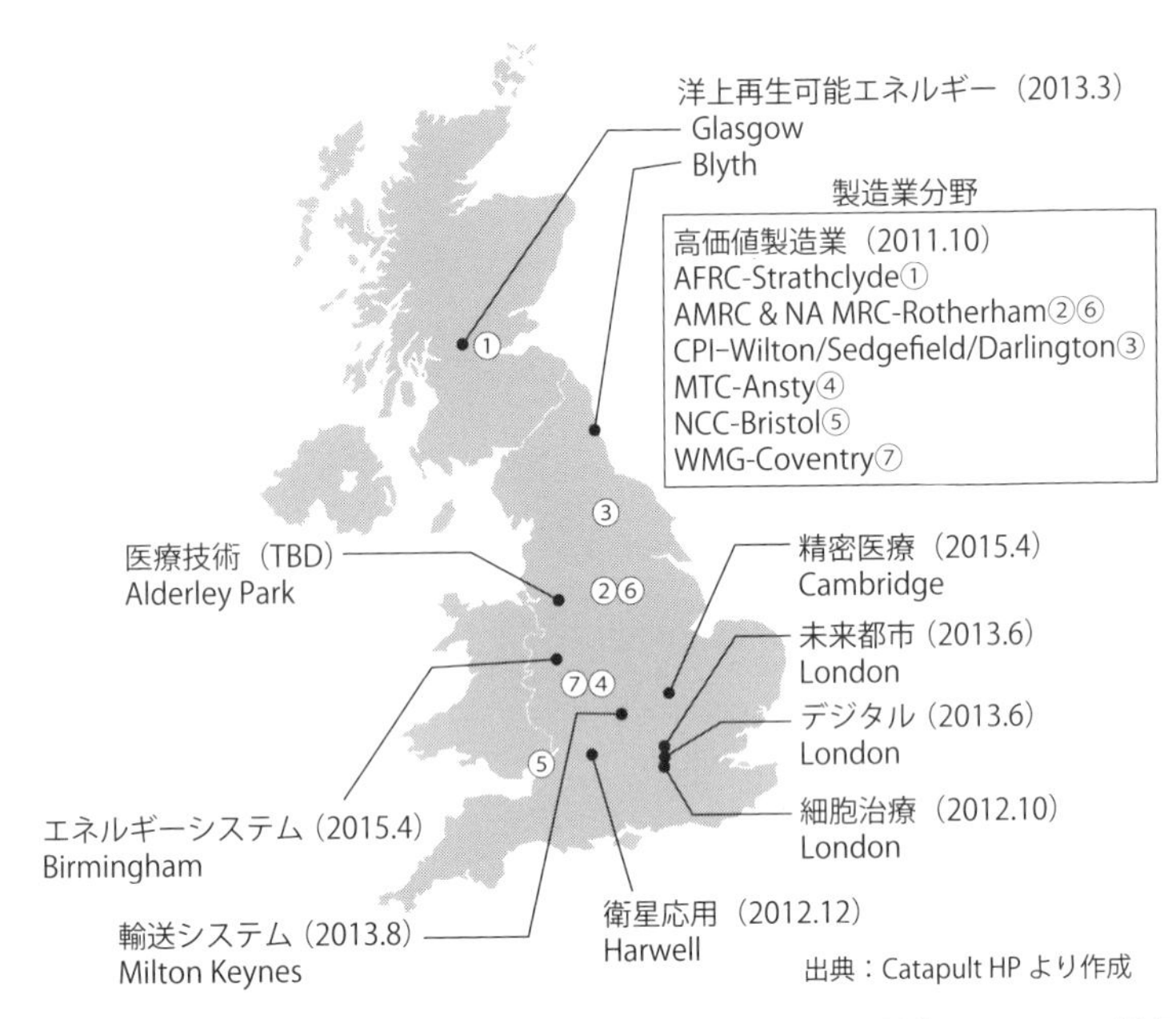

図 7.8　イギリス全土に配置された各産業、各技術分野に展開する Catapult 研究センター

機能を持ち、イギリス国内の研究機関・産業界に水平展開が行われている。イギリス全体の製造業における技術革新を積極的に促す役割である。

ここで余談を挟みたい。筆者がｔｈｅＭＴＣを訪問した際、説明スタッフから聞いた話である。当時のイギリス首相だったデービッド・キャメロン氏が見学に来られた時、「何で、こんなにうまく展開しているんだ？」と質問があったと嬉しそうに説明していたのが印象的であったし、活発に活動しているのがよくわかった記憶がある。

新設された7つのカタパルト研究センター

ｔｈｅＭＴＣも含めて、カタパルトで

は高価値製造業の研究センターが7カ所新設されている。**図7・8**のようにイギリス全土に研究センターが配置され、産業の育成に強い意志と期待が込められている。

theMTCはその壮大なイギリス産業育成シナリオ政策のほんのひとつに過ぎない。そのほんのひとつに過ぎない研究センターと同じ目的、同じ機能、同じ規模の日本の研究センターに、筆者はいまだ出会っていない。

7・5　フランスのクラスター制度とデジタル政策

3DCAD/CAM/CAE、PLM、デジタル施策などの展開でリーディングしているダッソーシステムズ社の母国であるフランスは、ドイツ政策のインダストリー4・0、イギリス政策のカタパルトと比較し、その政策としてのデジタル展開があまり目立ってはいない。フランスのデジタル政策があまり表に出ないことが不思議であったが、筆者はダッソーシステムズ社との3D設計の普及展開で協業した過去もあり、2005年頃、日本のフランス大使館で行われたデジタル施策とクラスター制度の日本の製造業への説明会へ招待されたりしたことから、フランスの動きの一部も聞こえていた。

フランスでは地域経済の活性化を図ることを目的に、政府が積極的に中小企業を支援する政策として地域ごとの産業クラスターを形成するクラスター展開を1990年代から始めていた。いくつかのクラスターが存在し、その中でも次のような4つの大きな地域がある。

○グラン・エスト地域圏：自動車産業クラスター、エネルギー・環境クラスターなど
○グランド・オクスタン地域圏：航空宇宙クラスターやライフサイエンスクラスターなど
○イル・ド・フランス地域圏：デジタル産業クラスター、金融産業クラスターなど
○オクシタニー地域圏：航空宇宙クラスターや医療産業クラスターなど

これらのクラスター地域では、中小企業や大企業が集まり、技術や製品のノウハウがクラスター内で共有されることで、お互いの成長を促進することが期待されている。また、グローバル競争力を高めるための共同研究開発や、人材育成なども進められているようだ。

これに、フランス政府の展開するデジタル施策との絡みが生まれているらしい。デジタル施策とクラスター制度は相互に関連し、デジタル化が進む中で、クラスターはデジタル技術の活用やデジタル産業の成長を促進する重要な役割を果たし始めた。

○デジタルクラスターの形成：デジタル技術やICTに特化したクラスターが形成され、デジタル産業の企業や研究機関が集まり、共同研究や技術の共有、イノベーションの推進など
○イノベーションの促進：デジタル技術はイノベーションの源泉となり、クラスター内の企業や研究機関は、デジタル技術の導入や共同研究によって新たな製品やサービスの開発を推進し、産業全体のイノベーション力が向上、競争力の強化へ

○デジタルスキルの育成：デジタル化の進展に伴い、デジタルスキルを持つ人材の需要が増しており、クラスターはデジタルスキルの育成や人材の交流を促進し、産業のデジタル化に必要な人材の供給・支援を積極的に行っているようだ

○ネットワーキングと連携：クラスターは産業部門の企業や研究機関をつなぎ、ネットワーキングと連携を強化する。デジタル施策においても、異なるクラスターや関係者とのパートナーシップ形成や情報交換が重要で、クラスターはこの役割を果たし、デジタル施策の推進に貢献しているなど

以上のように、フランスのクラスター制度はデジタル化の進展と密接に関連しており、デジタル産業の成長と競争力の向上を支援しているらしい。

フランスの動きは地域産業の充実のための政策の中にデジタル展開を含ませ、ドイツのインダストリー4・0とは違った形で、産業育成の加速を行っているように思われる。このクラスター制度は日本で言うと鉄砲を量産した堺の街などのモノづくり街や現在の大田区蒲田のモノづくりに例を見ることができる。このフランスの地域産業の充実から進めている展開がよい結果をもたらすかは、今後注目していきたい。

7・6　米国の動き

２０１０年、ドイツが発したインダストリー４・０の衝撃が、米国を直撃したのかもしれない。２０１３年２月、当時のバラク・オバマ大統領が一般教書演説でモノづくりを米国に戻す旨の演説を行った。その演説の2年前にシナリオ作成と展開推進の機関として、製造イノベーション機関（ＭＩＩ：Manufacturing Innovation Institute）が設立された。この後、そのシナリオに沿った形で２０１５年末までにデジタルを用いた製造と開発の技術研究と普及のための７つの施設が次々とオープンする（**表７・２**）。

この７つの機関のうち、２０１４年２月に開設されたＤＭＤＩＩ（Digital Manufacturing and Design Innovation Institute）は、イギリスのｔｈｅＭＴＣと同じ役割を持つ。ＤＭＤＩＩのＨＰには、「ＤＭＤＩＩは、最先端のデジタルテクノロジーを適用して製造の時間とコストを削減し、米国のサプライチェーンの機能を強化し、米国国防総省の取得コストを削減するための米国の主力研究機関です。ＤＭＤＩＩは、デジタル製造技術の開発とデモンストレーションを行い、これらの技術を主要な製造業界全体に展開して商品化します。」と記述され、デジタルエンジニアリングの技術構築とその普及を目的としていることがわかる。

ＤＭＤＩＩは、２０１９年にＭｘＤ（Manufacturing times Digital）という名に変更されたが、Ｄ

表7.2　MIIが企画した7つのモノづくりに関する研究機関

	名称	領域	設立時期	所在地
1	America Makes	付加製造・3Dプリンティング	2012年8月	オハイオ州ヤングスタウン
2	Digital Manufacturing and Design Innovation Institute（DMDII）	統合デジタル設計・製造	2014年2月	イリノイ州シカゴ
3	LIFT：Lightweight Innovations For Tomorrow	軽量化金属	2014年2月	ミシガン州デトロイト
4	PowerAmerica	ワイドギャップ半導体	2015年1月	ノース・カロライナ州ローリー
5	The Institute of Advanced Composites Manufacturing Innovation（IACMI）	先進繊維強化ポリマー複合材料	2015年1月	テネシー州ノックスビル
6	Manufacturing Innovation Institute for Integrated Photonics	統合フォトニクス（光工学）	2015年7月	ニューヨーク州ロチェスター
7	NEXTFLEX - Flexible Hybrid Electronics Manufacturing Institute	フレキシブルな複合電子機器	2015年8月	カリフォルニア州サンノゼ

出典：HPより筆者作成

ＭＤＩＩはこれとは別に研究機関（Institute）として残っている。このため、デジタルエンジニアリングの技術構築とその普及が拡大展開していることがわかる。特に普及のためのネットワークの設定と運用はマニュファクチャリングＵＳＡの箇所で後述するが、脅威を感じさせるほどその動きが早い。

製造イノベーション機関「ＭＩＩ」

ＭＩＩについて説明したい。ドイツのインダストリー４・０では経済エネルギー大臣、教育研究大臣、業界の代表者、労働組合、科学的・政治的支援の元に全体をまとめ推進しているプラットフォームが提示されている。ＭＩＩの役割はこれとほぼ同様と言える。大学・国立研究所、製造業大企業、製造支援センター、スタートアップ企業、MII全米ネットワークなどのまとめ推進機関として政府の各長官の参加で重要項目の推進判断が行われていると言われている。これは医療関連とデジタル、モノづくりとの連携などがあり、各分野の長官参加の調整も行われていると聞いている。

製造イノベーション機関の米国内ネットワーク「マニュファクチャリングUSA」

製造分野のイノベーションをマネージメントするマニュファクチャリングUSA（Manufacturing USA）。このホームページを見ると「米国の製造業のイノベーションを推進する新鮮な視点となるようマニュファクチャリングUSAは、技術、サプライチェーン、教育、労働力開発に関する大規模な官民協力を通じて、高度な製造における米国のグローバルリーダーシップを確保するために2014年設立され、現在、16の製造イノベーション機関の全国ネットワークです。」と記載されている。

この16の製造イノベーション機関は拙著『バーチャル・エンジニアリングPart3』（2020年発行）で「アメリカ製造イノベーション機関（MII）が企画した7つのモノづくりに関する研究機関」として、すでに説明した。この7つの研究機関に加え、9つの研究機関がネットワークの中に増え、運用展開されている。MIIが政策シナリオで設定した各研究機関の運用展開のネットワークのまとめ役が、この「マニュファクチャリングUSA」の位置づけのようである。

テクノロジーの障壁を打ち破り、国内調達を促進

このネットワークの目的には次のように記述されている。

「マニュファクチャリングUSAネットワークの研究所は、研究機関や民間部門と協力して、国内メーカーがより革新的、効率的、生産的、競争力を高めるための道を提供しています。ネットワーク上の研究所群は、企業をつなぎ、新製品を開発し、コスト効率の高い製造を合理化すると同時に、ギャップに対処し、インフラストラクチャーやクリーンエネルギーなどの主要な政策分野をサポートすることにより、国内製造における戦略的サプライチェーンを固定しています。

ネットワークが課題等を共有し、障壁を取り除き、複雑なものをシンプルにすることで、次のことが保証されます。

研究開発は、米国の製造業者にとって引き続き利用可能です。

テクノロジーソリューションを導入するための法外なコストが削減され、すべてのメーカーが運用におけるリアルタイムのビジネス改善にアクセスできるようになります。

中小製造業は、強い経済と国家安全保障の基盤であり続けるでしょう。

サプライチェーンを再構築し、国内製造業を再重視することで、新しい雇用が創出され、十分に活用されていない労働者に再訓練の機会が提供されます。

グローバルサプライチェーンの混乱により、多くの企業が国内調達を模索するようになりました。

調達の問題は、次のような単位コストを超えたメリットに光を当てています。

総費用：ユニット購入あたりのコストだけを見るのではなく、部品と消耗品、運賃、関税、時間などの実際のコストを調べます。

確実：海外サプライヤーとは、関税、世界の政治や経済、遠く離れた場所での自然災害とともに生きることを意味します。

信託：関係は混乱の際に重要になり、サプライヤーがあなたと一緒に成長し、革新できるかどうかを理解する上で重要です。国内のサプライヤーと協力することで、知的財産の盗難の可能性も減少します。

また、国内製造プロセスを効率化してコスト競争力を高めるプロジェクトや、原材料の海外依存を減らすために退役した製品の一部を再利用する方法を模索しています。

マニュファクチャリングUSAネットワークは、イノベーションへのアプローチと国内調達におけるサプライチェーンの定着を通じて、米国を拠点とする製造業の競争力と回復力を強化するという使命を果たしています。」

コロナ禍が始まったころ、『バーチャル・エンジニアリングPart3』を上梓した。一般的にコロナ禍で日本からの海外調査が少なかったことからか、メディアにもあまり露出しておらず、新たに増えた9つの研究機関も含めて、米国内全土に張り巡らした16の研究機関ネットワークとして、マ

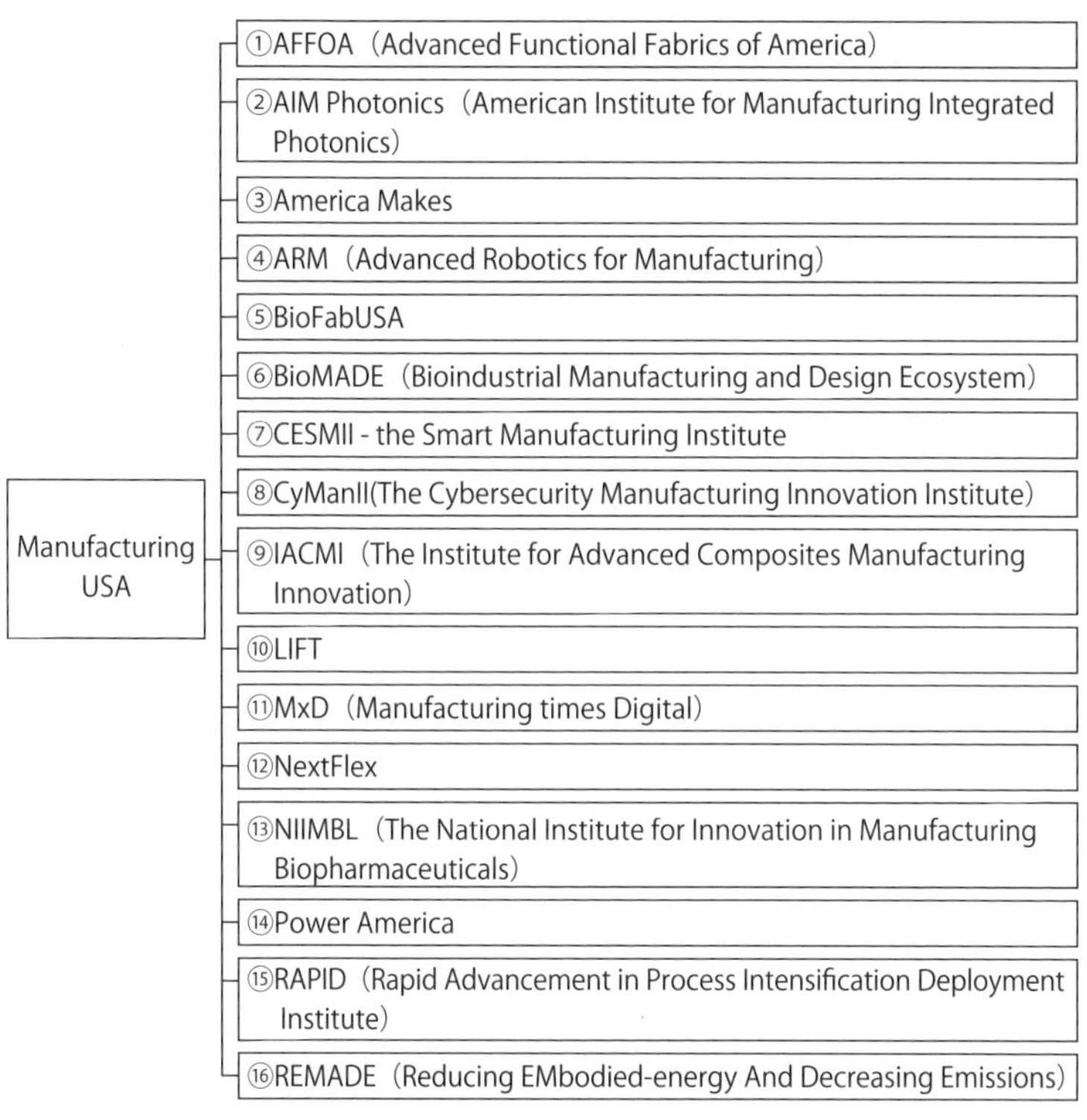

出典：Manufacturing USA の HP より筆者作成

図7.9　Manufacturing USA 製造イノベーション研究機関ネットワーク

ニュファクチャリングＵＳＡの運用、展開拡大が急ピッチで進んでいたことを筆者は知らなかった。このことを理解したのは最近である（**図7・9**）。

２０２２年のマニュファクチャリングＵＳＡのレポートには、

「国内および国際的な課題が米国の公衆衛生、経済、国家安全保障に影響を与え続けているため、先進製造業は対応しています。革新的で回復力があり、持続可能な製造システムは、米国をより強く、よりスマートで、より環境に優しく、より安全にするために変革しています。

官民パートナーシップの全国ネットワークであるマニュファクチャリングUSAは、技術、サプライチェーン、労働力開発におけるコラボレーションを通じてこの作業をサポートし、高度な製造における米国のグローバルリーダーシップを確保しています。このネットワークには、米国商務省（DOC）、国防省（DoD）、エネルギー省（DOE）、16のスポンサーとなる製造イノベーション機関、および米国航空宇宙局（NASA）、国立科学財団（NSF）、保健福祉省（HHS）、農業、教育、労働省の連邦パートナー機関が含まれます。これにより、米国政府全体から膨大なリソースと専門知識が結集され、米国の高度な製造を共同でサポートおよび強化できます。」

と記述されており、米国商務省、国防省、エネルギー省、米国航空宇宙局、国立科学財団、保健福祉省と連携した活動であることが理解される。

16の製造業関連の研究機関を表7・3、7・4、7・5に記載する。

7・7　各国の動向と比較して見える遅々たる日本

欧州、北米の政策、公的研究機関の展開状況を記述したが、共通の内容がある。それは、製造業の見直しを産業育成政策の最重要項目としていることだ。例えばイギリスのtheMTCの運営には、設立当初の当時のキャメロン首相が運営に口を出しており、イギリス政府の肝入り政策の1つである

表7.3　米国16の製造イノベーション研究機関の名称と内容一覧（1）

	名称	領域	内容	所在地
1	AFFOA（Advanced Functional Fabrics of America）	Sensors/Electronics/Materials/Material Processing	高度な繊維・布技術の開発と製造技術の構築を米国内の企業と連携し行い、繊維産業の復活を目指す	マサチューセッツ州ケンブリッジ
2	AIM Photonics（American Institute for Manufacturing Integrated Photonics）	Sensors/Optics and Photonics/Electronics	統合フォトニックソリューションのイノベーションから、商用および防衛アプリケーションにまたがるシステムにおける製造可能な展開への移行を加速するために取り組む	ニューヨーク州　オールバニー
3	America Makes	Materials/Material Processing Lightweighting	アディティブマニュファクチャリングと 3D プリンティングにおける技術研究、発見、創造、革新のための全国的なアクセラレーターであり、国内有数の共同パートナー	オハイオ州ヤングスタウン
4	ARM（Advanced Robotics for Manufacturing）	Artificial Intelligence/Robotics Sensors/Modeling and Simulation/Automation/Digital Electronics/Materials	センサーテクノロジ、エンドエフェクター開発、ソフトウェアと人工知能、材料科学、人間と機械の動作モデリング、品質保証など、多くの分野にわたる多様な業界慣行と制度的知識を統合して、堅牢な製造イノベーションエコシステムの約束を実現することにより、ロボットテクノロジを作成および展開	ペンシルベニア州ピッツバーグ
5	BioFabUSA	Biofabrication/Robotics/Biotechnology/Materials	革新的な細胞および組織培養をバイオファブリケーション、自動化、ロボット工学、分析技術の進歩と統合して、破壊的な研究開発ツールと FDA 準拠の大量生産プロセスを作成	ニュー・ハンプシャー州　マンチェスター
6	BioMADE（Bioindustrial Manufacturing and Design Ecosystem）	Biofabrication/Bioindustrial Manufacturing/Recycling/Reuse/Sustainable Manufacturing/Sensors/Optics and Photonics Design/Chemical Processing/Materials/Material Processing/Lightweighting	あらゆる規模で国内のバイオ産業製造を可能にし、米国のバイオ産業競争力を強化する技術を開発し、関連インフラへの投資のリスクを軽減し、バイオ製造労働力を拡大して産業バイオテクノロジーの経済的約束を実現する、持続可能な国内のエンドツーエンドのバイオ産業製造エコシステムの構築に取り組む	ミネソタ州セント・ポール

出典：各研究機関の HP より筆者作成

表7.4　米国16の製造イノベーション研究機関の名称と内容一覧（2）

	名称	領域	内容	所在地
7	CESMII - the Smart Manufacturing Institute	Sustainable Manufacturing/ Sensors/ Modeling and Simulation/ Automation Digital	2016年に設立され、エネルギー省のエネルギー効率および再生可能エネルギー局と協力して設立された。エネルギーの先進製造局が資金提供する研究所。高度なセンサー、データ（取り込み、コンテキスト化、モデリング、分析）、プラットフォーム、および制御を統合して、品質、スループットなどの分野で測定可能な改善を通じて、製造パフォーマンスに根本的な影響を与えることにより、スマートマニュファクチャリングの採用を加速している	カリフォルニア州　ロサンゼルス
8	CyManII （The Cybersecurity Manufacturing Innovation Institute）	Cybersecurity in Manufacturing	エネルギー効率の高い製造およびサプライチェーンのためのサイバーセキュアエネルギーROIを導入し、数十年にわたってグローバルな製造競争力における米国のリーダーシップを確保および維持する	テキサス州サン・アントニオ
9	IACMI （The Institute for Advanced Composites Manufacturing Innovation）	Materials/ Material Processing/ Lightweighting	車両、風力タービン、圧縮ガス貯蔵用の高度なポリマー複合材料の低コストでエネルギー効率の高い製造のための最先端の製造技術の開発と採用を加速することに取り組む	テネシー州ノックスビル
10	LIFT	Modeling and Simulation/ Metrology/ Design/Materials/ Material Processing/ Lightweighting	高度な軽量材料製造技術の開発と展開に取り組む	ミシガン州デトロイト
11	MxD （Manufacturing times Digital） 2019年に元DMDIIが名前変更	Artificial Intelligence/ Cybersecurity in Manufacturing/ Design/Digital	米国の工場に、これまでよりも優れたすべての部品の構築を開始するために必要なデジタルツール、サイバーセキュリティー、および労働力の専門知識を提供し、300＋パートナーが生産性を高め、より多くのビジネスを獲得し、米国の製造業を強化できるようにする	イリノイ州シカゴ
12	NextFlex	Sensors/Digital/ Electronics	私たちの生活、仕事、遊びの方法に革命をもたらすフレキシブルハイブリッドエレクトロニクスの米国の開発と採用を促進する	カリフォルニア州　サンノゼ

出典：各研究機関のHPより筆者作成

表7.5　米国16の製造イノベーション研究機関の名称と内容一覧（3）

	名称	領域	内容	所在地
13	NIIMBL（The National Institute for Innovation in Manufacturing Biopharmaceuticals）	Metrology/Biotechnology/Materials/Material Processing	既存および新興のバイオ医薬品のより効率的で柔軟な製造能力を可能にし、世界をリードするバイオ医薬品製造労働力の育成に取む	デラウェア州　ニューアーク
14	Power America	Electronics/Materials	炭化ケイ素と窒化ガリウムで作られた高度な半導体部品の幅広い製品やシステムへの採用を加速する	ノース・カロライナ州ローリー
15	RAPID（Rapid Advancement in Process Intensification Deployment Institute）	Chemical Processing/Material Processing	企業、大学、産業研究機関、国立研究所を招集する米国の製造リーダーとして、分子レベルでのプロセスを最大化して、すべての化学反応でエネルギーを節約する新技術に焦点を当て、製造現場を大幅に節約する	ニューヨーク州ニューヨーク
16	REMADE（Reducing EMbodied-energy And Decreasing Emissions）	Recycling/Reuse/Sustainable Manufacturing	金属、繊維、ポリマー、電子廃棄物などの材料の再利用、リサイクル、再製造に不可欠な技術のコストを削減することに重点を置く。目標は、米国の製造業における循環型経済の達成	ニューヨーク州　ロチェスター

出典：各研究機関のHPより筆者作成

ことがわかる。

ドイツのインダストリー4・0プラットフォームの組織体制には、産業界の代表が参加することは当然であるが、経済エネルギー大臣、教育研究大臣、労働組合などが参加し、運営されている。また、同様の機関である米国のMIIの運営には政府の各分野の長官も参加する。要は、これらの公的、恒久機関の運営には、各国ともに、大臣クラスが参加して産業育成シナリオを展開しているのだ。展開の進んでいると思われる国は、政府の施策として進めていることになる。

日本にはこのような公的機関がないだけでなく、政策として公開されている内容に将来モノづくり関連のシナリオを見る機会はほとんどない。

7・8 標準化とモノづくり連携

コピーマスターがデジタルのバーチャルモデルへ変革することで設計、造り、営業などのモデルの連携した検討、検証が行われる。これらの連携を行うために、さまざまな分野の規格、インターフェースフォーマット、データフォーマット、契約ルールなどが連成して活用される。例えば、従来、モノを連結するためのボルトなどにはメートルねじ、インチねじなどの標準化の歴史がある。同様に、バーチャルモデルを連携することにおいても、個々の項目を、洗い出し、その標準化のための規格整合を展開して来た歴史がある。

概して「日本企業は、依然として『ルールは（作るものではなく）従うもの』という認識が強い。これには、ルールメイキング活動に社内リソースを割くことについて、経営層の理解を得ることの困難さや、国際規格を事業に活用する意識が不十分といった背景がある。」（『ものづくり白書２０２０』（経済産業省）より抜粋）ということだ。

できあがった規格に従う意識の強い日本の文化とは異なり、世界では規格、標準化がビジネス戦略ツールとしての活動が目立つ。その例として、各国政策の中に、標準化がテーマアップされている。前述したが欧州の産業育成のフレームワーク・プログラム（ＦＰ）が始まる前の１９８３年前半に出されたリーゼンフーバー基準の４番目の項目には、「統一市場を完成させるために有為な研究および統一標準規格を確立するための研究」と明記した決意表明が存在する。また、インダストリー4・0の組織体制には「国際的標準化」のコンソーシアム、標準化団体などが組み込まれている。このように、標準化活動が政策の項目としてあげられている。

全世界が3D設計を中心としたバーチャル化対応を進めているが、その連携のための標準化活動の展開はまだ終了しておらず、現在進行形の展開と言える。その最新の規格、標準化状況を各企業が個別に調査した場合、本来の標準化活動の目的と異なる規格活用が生じる可能性がある。その対策なのか、産業界がその最新の状況を知らしめる活動を行っている例をネット上で調べることができる。

その例として、ヨーロッパ航空宇宙防衛産業協会（ASD：AeroSpace and Defence Industries Association of Europe）のStrategic Standardization Groupがデータ、モデル連携のための標準規格、インターフェースの状況をStandards Radar Chartとして毎年更新し、公開している。これはASDの関連するサプライヤー向けにデータ、インターフェース、規格などの標準化対応状況を理解させ、開発時のデータ、モデルなどの交換が正確に効率的に行うためのようだ。それが、**図7・10**のレーダーチャートである。

このレーダーチャートは、次の4つの象限に分けている。

①外部団体開発の利用可能な標準化内容
②外部団体開発の標準化対応モニター中
③外部標準化開発団体ASD参加中

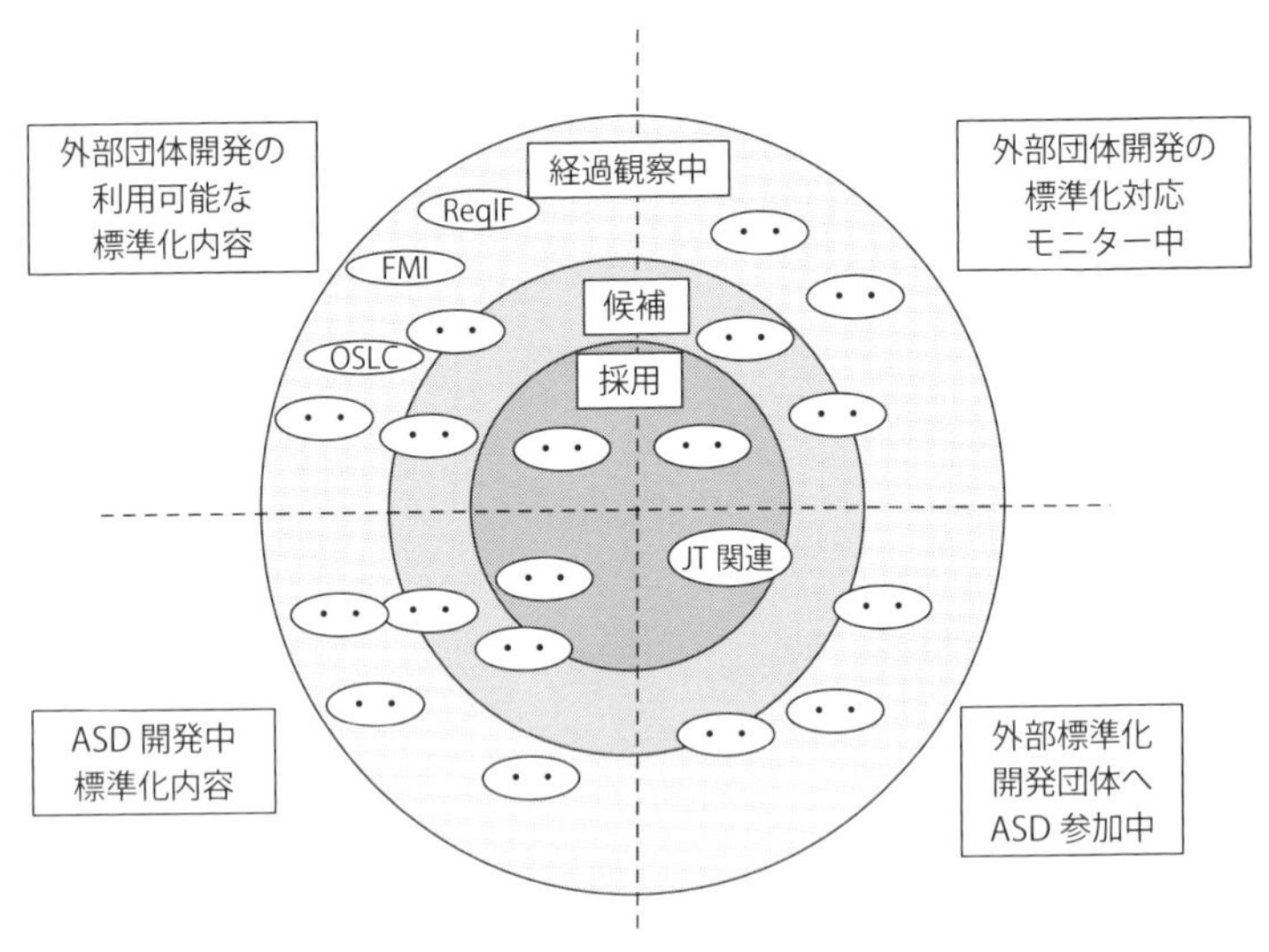

出典：ASDのHPより筆者作成

図7.10　ASDの関連するデータ、インターフェース、規格などの標準化対応状況のレーダーチャート

④ASD開発中標準化内容

それぞれの象限における状況がわかるようになっている。その状況は内側から

○採用

○候補

○経過観察中

となっており、各標準化項目活用に対してのASDの考え方と標準化項目の位置づけがわかる。また、その標準化項目をクリックすると、その標準化状況、窓口、背景などを記述した情報ファイルとリンクしており、問い合わせ先などが明確になっている。

このレーダーチャートはあくまでASDとしての対応判断であるが、このようにそれぞれの産業界がデータ、インターフェース、規格などの標準化対応状況を公表することで、効果的開発とその体制普及への示唆が感じら

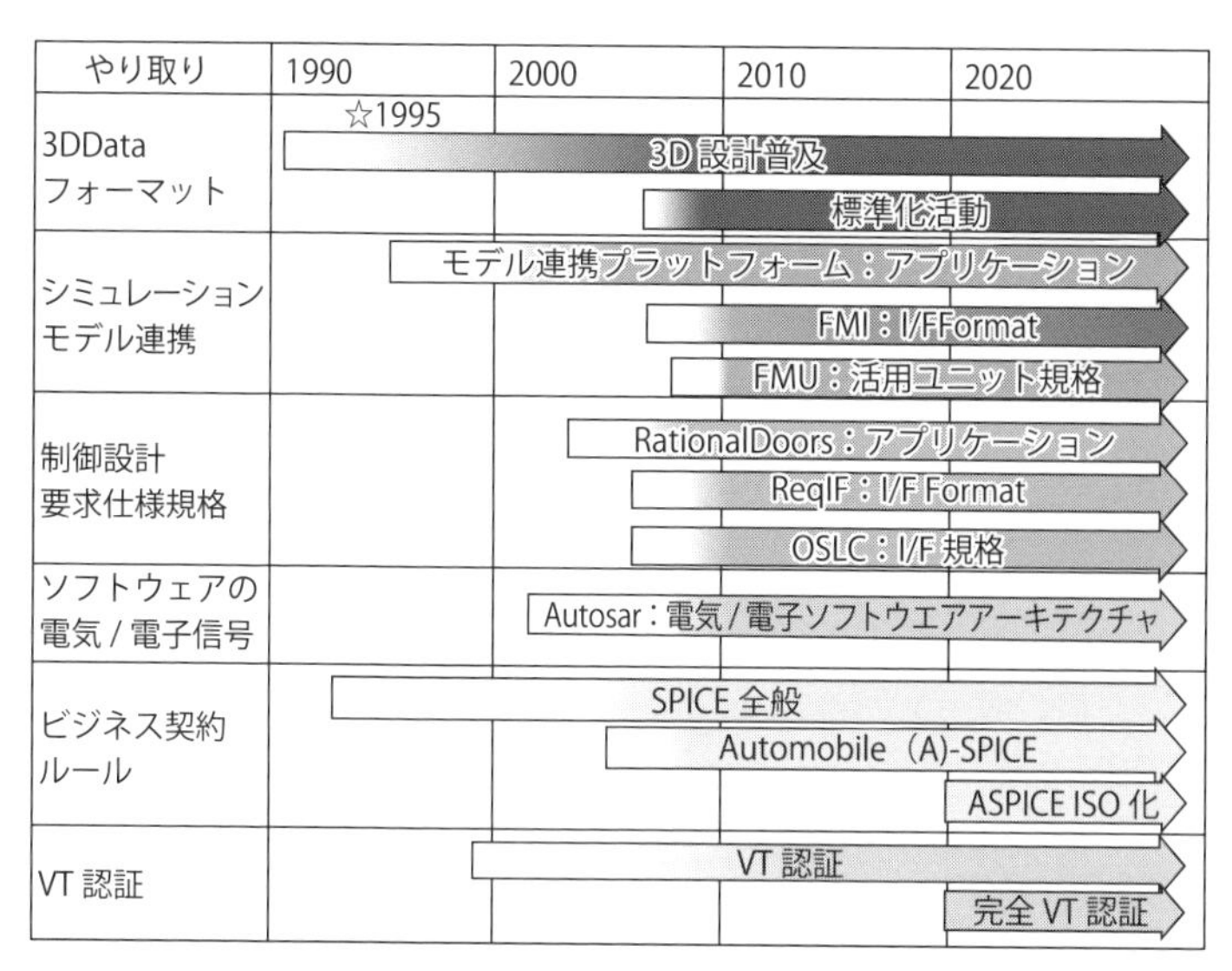

図7.11　情報やり取りに関する標準化、インターフェース、規格化関連の展開普及の流れの例

れる。ASDだけでなく、各産業界を連携するための動きが進められている。それらの活動の1つがISOなどの成立の動きと連携している。

標準化、規格化、認証の流れ

バーチャルエンジニアリングに絡むこの20年から30年の標準化の流れの一部を、**図7・11**に示す。標準化は、10年や20年の歳月を経て成立している内容が多い。その内容も3Dモデルを基軸としたモデル連携が効果的に行うための規格に関することが中心の内容が多い。

コピーマスターがデジタル化となってきた現在、結果としてそのデータの信頼性を保証できるような活動が必要となる。ただし、図7・11の中で日本が参加した動きとしては、上部に示される3Dフォーマットの標準化が知られているのみである。これらの標準化内容は非常に幅広く、長い年月を費やして成立させており、その状況を本書の中で記述するには舌足らずとなってしまうのが現状である。もっとも、バーチャルエンジニアリング関連の標準化、規格化、認証の専門書がもし存在しているとしたら、1冊だけでは説明できず数巻のシリーズものになるほど、ボリュームが大きいと言えそうだ。

7・9　モノづくりのデジタル施策、標準化の展開はどうなるのか

インダストリー4・0に代表される、各国で進められているデジタルモノづくりの政策、デジタルデータフォーマット、インターフェースフォーマット、3D図面ルールなどの標準化施策は、極端な表現を行うことを許して頂ければ「モノづくりのコピーマスターがリアルからバーチャルへ」変革するための社会基盤づくりと言えないだろうか。

リアルなモノづくりは歴史があり、生活の中に溶け込んでいた。それを改革したコピーマスターのバーチャル化は各国が政策を作成し、研究所を設立し、教育を変え、社会の変革を伴う180度転回するような大きな流れの中に、今、私たちは立っているのだ。

参考文献

1）Framework Programme | Horizon 2020 - European Commission,https://ec.europa.eu/programmes/horizon2020/en/tags/framework-programme

2）科学技術・イノベーション政策動向～ＥＵ～，２０１０年4月1日（独法）科学技術振興機構研究開発戦略センター，https://www.jst.go.jp/crds/pdf/2010/OR/CRDS-FY2010-OR-01.pdf

3）ITEA 3·Project·07006 MODELISAR, https://itea3.org/project/modelisar.html

COLUMN

機械式腕時計の変革　6ビートと8ビート

筆者は機械式腕時計に興味がある。4年ほど前に国産の自動巻き腕時計を購入した。購入して1年を経た頃、テレビ番組のドラマの主人公が同じ時計を使っているのを見て、何となく嬉しい気持ちで使用していたのだが、保証期間の1年を越える頃から時刻が遅れるようになった。

購入した時は遅れても10秒／日以下であったが、2分／日近く遅れるようになった。最終的には4分／日遅れとなり、仕方ないので、有償で分解修理を依頼した。結局、ムーブメント自体の交換で初期性能に戻った。

その修理を依頼したデパートの時計売り場には技術系の方が居られた。筆者がよく行くことで顔見知りになり、いろいろな情報を教えてもらったり、簡単な修理と時計の状況の相談に乗ってもらった。その売り場には機械式腕時計の微細な振動を測定し、テンプの稼動角度、1日当たりの遅れ時間、ビート数などが瞬時に表示される計測器が用意されている。このため、修理を依頼する際、あらかじめ課題がわかる。

私の時計は、テンプの稼動角度が小さくなっていることが原因ではないかと言われた。1年ちょっとの使用でなぜ小さくなったのかは不明なので、分解修理でその原因がわかると精度もよくなるのではないかということだった。

その会話のやりとりの中で、この時計のビート数が6ビートですよとも言われた。私はこれ以外にスイスO社の機械式腕時計を持っているが、それは8ビートであることも教わった。こちらの時計は10年ほど前に購入したが、現在でも2－3秒／日以内の精度で正確に時刻を知らせてくれる。

6ビートと8ビートの時計の違いを聞いたところ、ビート数が高い8ビートの方が精度はよく、日本で売られているスイスの機械式腕時計はほとんど8ビートだそうだ。スイスの時計は今から30－40年前に精度を上げるために新しい機構に構造を変更し、8ビートに切り替えたとのこと。私の持っている国産の腕時計のビート数はその会社の最高グレードブランドが8ビートではあるが、それ以外は6ビートであるという。

以前、時計好きな友人と話している時、クォーツ腕時計がこれだけ精度よくなってしまっている時代なのだから、機械式腕時計だって1日2－3秒くらいの狂いに収めるのが当たり前なんじゃないかと言っていた。そのこともあるが、クォーツ腕時計全盛の時代でも、時計業界では機械式腕時計の精度向上に対しても企業努力が継続しているのだと思っていた。しかし、クォーツ、電子化への進展に走って来た日本の時計メーカーの機械式腕時計の機構がスイスの時計メーカーが30－40年前に行った変革以前の構造のままであるようだ。デパート売り場で対応して頂いた技術者の腕には、スイスR社の時計が着いていた。

メカニカルなモノは日本製が世界トップであると思っていたが、機械式腕時計の世界も革新した機構へ移行しており、その動きに日本メーカーが現在になってやっと対応し始めたことがわかり、驚いた一日であった。

第八章

日本の歩んできた道と、歩むべき道

8・1　日本におけるモノづくりデジタル技術推進の状況

モノづくりは壮大なコピーシステムとして進化している

第三章に量産製造業はモノづくりの壮大なコピーシステムであることを述べた。それを成立させるため、工場内では治具や計測技術の活用や、各製造装置の技術開発が進められてきた。また、日本も含めた世界の製造業はシステムとして、製造技術／検査技術／品質管理技術／ＩＳＯ、ＪＩＳ、各企業内の標準化規格などを充実させ、それらを普及させ、教育なども含めた社会システムの構築まで行い、工業化社会を形づくってきたと思われる。これらの技術の成長がコピーマスター通りに製造される壮大なコピーシステムが成立していたことになる。

デジタル技術の発達により、この工業化社会システムに大変革が起きていた。それが、コピーマスターがリアルからバーチャルになったことである。コピーマスターが実物から、形状と機能パフォーマンスをデジタルデータで表現したバーチャルモデルに変革したことを前述した。コピーマスターがバーチャルモデルのデジタルデータであるため、そのデータを変更すること自体が製造のコピーマスターの変更となり、マスカスタマイズのモノづくりが世界中で行うことができるようになったということだ。

モノづくりのデジタル化の入り口は図面の3D化

それでは、そのデジタルとなったコピーマスターはどのように作られているのであろうか、という見方をすると、日本の新たな環境における製造業の実力がわかる。

コピーマスターはリアルのモノであっても、デジタル化されたバーチャルモデルであっても、外形形状は3次元である。外形形状のデジタル化は1980年代に始まった図面の3D化と同義と言える。すなわち、設計データが3次元であるかどうかが重要となる。このことから、現在の日本の3D設計の状況を調べると、日本の製造業のデジタル化レベルが世界からはるかに遅れ、取り残されている状況であることが見える。

現在の日本では設計と造りの企業間データのやり取りの80％以上が2D図

設計／開発、モノづくりでの3Dデータの活用について、経済産業省発行の『2020年版ものづくり白書』で3D設計の普及状態を調査している。その中で、設計の検討指示に対し、OEMとサプライヤー間の3Dデータを用いた連携が15・7％と低い（**図8・1**）。世界の製造業ではほぼ100％近くの3Dデータが OEMとサプライヤー間を行き交う状況と比較すると、日本の現状は非常に遅れており、驚愕（きょうがく）の結果であると言える。それほど日本の製造業の3D化は進んでいない。ものづくり白書の調査結果には、2Dデータや図面で協力企業へ設計指示している理由が記載されている。

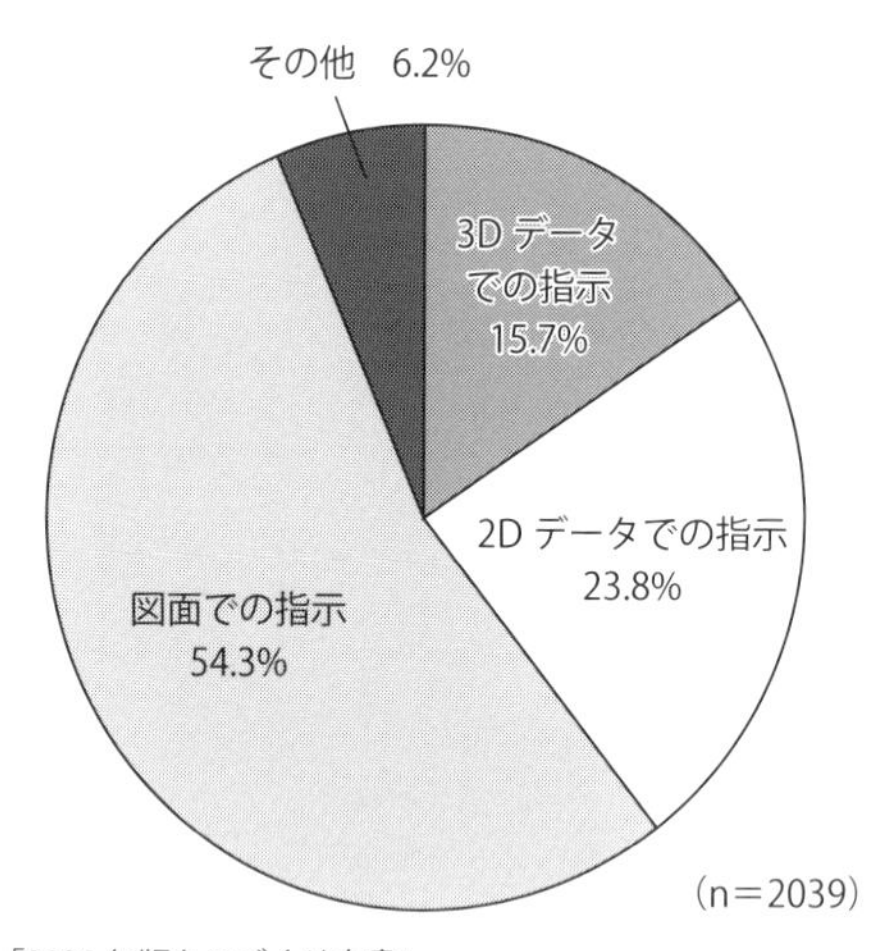

出典：経済産業省「2020 年版ものづくり白書」

図8.1　協力企業への設計指示の方法

理由の第1位が「主な設計手法は２D／図面のため：51・7％」である。このことから、設計そのものが、いまだ３D化に進んでいないということだろう。第2位が「取引先の調達部門が見積もりのために図面を必要とするため：31％」。これは、調達部門が２D図面を見ながら見積もりを行うことができる。従来、非常に高い見積もり技術が調達現場に存在しているからだ。世界では２D図面を読み取るための高等教育を受けている国は少ないため、世界から見ると「調達部門が２D図面を見ながら、見積もりを行うことができる」こと自体は脅威なのである。だが、世界は精度の低い調達現場での見積もりの代わりとして、設計段階でディスプレイ画面の３D図面を眺めながらサプライチェーン上の各部品、各モジュール製品の価格、仕様などが入力されているデータテーブルと連携させながら、簡便に正確な見積もりのできるシステム環境を構築し、導入対応が終了しているのである。２D図面での高い見積もり技術が調達現場で存在している日本では、3D化設計と連携したこのシステム環境の導入が遅れていることは仕方のないことかもしれない。

第3位は「発注内容と現物を照合する現品票も兼ねているため：16・7％」。これは、紙の2D図は受け取り伝票などの機能を兼ねており、2D紙図のやり取りは一種の商い慣習となっているからだ。これらの商法上の慣習も含めた見直しと商法上の扱い変革も必要となる。ところが、3D図面の流通が少ないのであれば、その改革はなかなか進まないことになってしまう。

第4位「設計情報をコントロールするため：15・9％」、第5位「契約上の縛り：10・9％」、第6位「3Dデータから製造／検査作業の指示ができないため：10・1％」、第7位「取引先の調達部門が3DCADのライセンスを購入したくないため：4・7％」と続く（**図8・2**）。

第2位以下は従来の商い習慣の対応を変革できていないことから、折角、設計室内で用いられている3DCADの3Dデータによる指示が行われず、それに続く製造段階でのデジタル化まで達せていないことが示される。

20年以上前の筆者の経験ではあるが、3D設計展開の説明のためサプライヤーと話した際、「図面受け取りの印はどこに押印するのですか？」という質問があった。3D設計のデジタルモデルにはハンコを押すところがないため、受け取り印用の紙図が必要であるという暗黙の意識が存在していた時代である。この質問に対しての返答に窮した覚えがある。従来の商い慣習のデジタル化の見直しができていない時代であったが、それが20年以上経った現在でも改善されていないのだ。

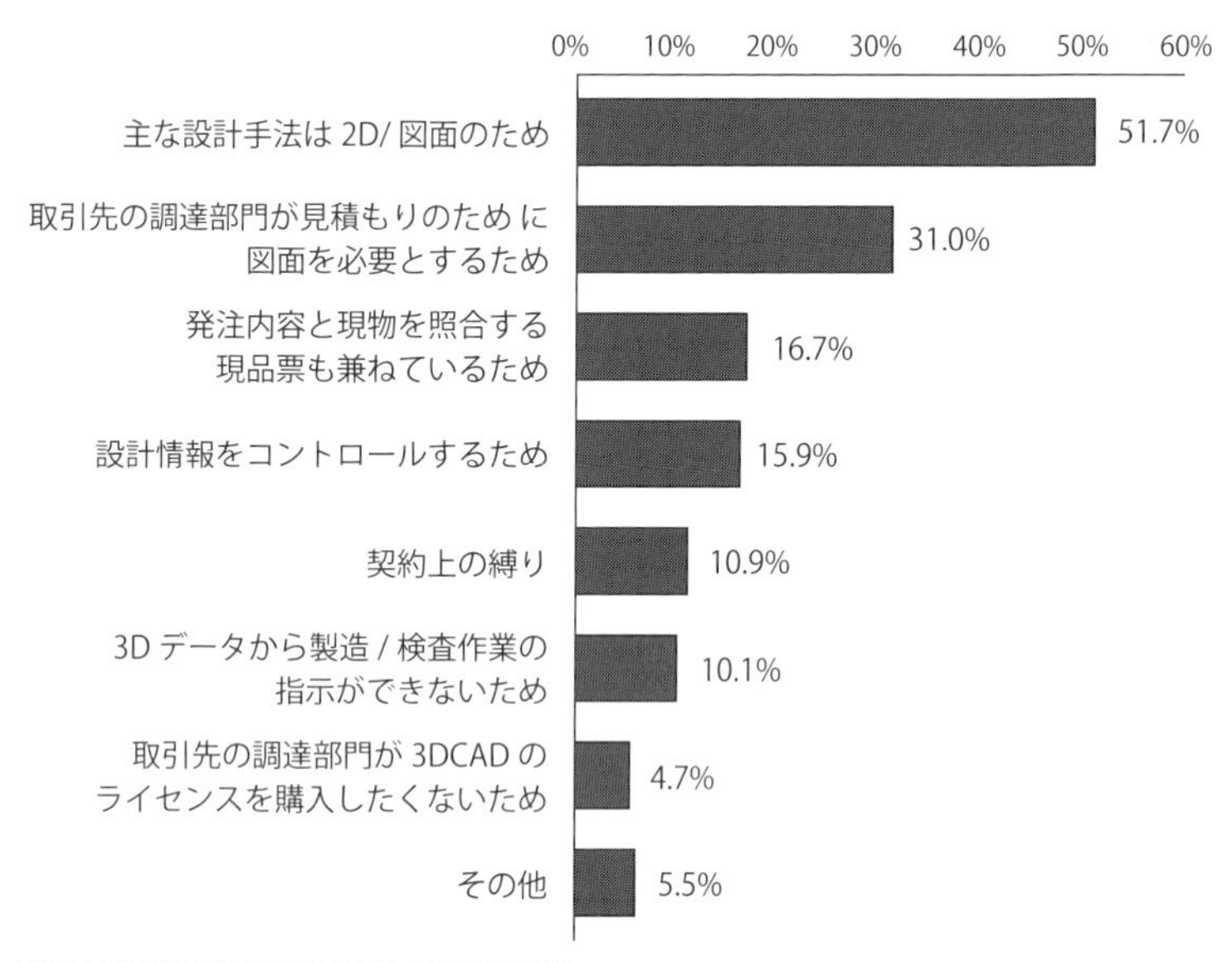

出典：経済産業省「2020 年版ものづくり白書」

図8.2　2Dデータや図面で協力企業へ設計指示している理由

３D化の遅れている日本のモノづくりはデジタル化されていない

コピーマスターの形状のデジタル化である３D化の遅れは、設計と製造間の連携改革の遅れだけでなく、従来の商い慣習の変革の遅れも伴うことになる。このことから、製造業のデジタル化は３Dデータを用いた社会インフラの変革も同時進行で展開する必要があると考えさせられる。

『２０２０年版ものづくり白書』の編集責任者は、「（製造業の）デジタル化については、これまで専ら（もっぱ）、サプライチェーンに目を向けていた。しかし２０２０年の『ものづくり白書』では製造業上流の設計のデジタル化はどうなっているかということに光を当てた。」と説明している。３D設計が始まり、四半世紀経た現在、各企業が早急にエンジニアリングチェーンとの連携に関したサプライチェーンに絡む商い慣習の改革を強力に進めることが必要であることを、ものづくり白書には記述されている。これらのことから、日本における製造業のデジタル化は、3Dモデルの活用とそれを流通させる社会インフラ環境も含めた対応ができていないことを、経産省が認めたことを意味する。

量産製造業は壮大なコピーシステムであり、そのコピーマスターがリアルなモノを用いた時代が続いた。2D図面が3D図面となり、3次元化された形状のデジタルデータがコピーマスターに変革を起こした。そのコピーマスターとなった3D図面と機能パフォーマンスのデジタル化されたバーチャルモデルは、現在、従来のリアルの製品と同様のビジネス対象として世界では流通している。このように、バーチャルモデルビジネスも含めたバーチャルエンジニアリングへの変革は日本にとって、道遠しというのが現状と言える。

日本にはデジタルを用いた製造技術の研究推進機関がない

設計の3D化、モノづくりの3D化が遅れ、その結果、日本の製造業とその取引にまつわる全体のデジタル化が遅れていることになる。ただし、単なるデジタル化だけが目的ではない。産業環境全体が変革しているのである。再三、記述してきたがコピーマスターがデジタルになった新しい製造業ビジネスが始まっている現在、その巨大な波が押し寄せているのだが、その現実を日本が理解していないことになる。その入り口が形状のデジタル化なのである。

第七章に各国の製造業デジタル化推進機関の状況を記述したが、世界の製造業はその波に乗り遅れず、むしろリードするために、２０１０年以降、各国は、産業育成の政策を掲げ、それに則った研究機関を設立、急激に研究を推し進めながら、普及展開を加速している。その事実を知るための情報発信基地が日本では見当たらない。

8・2　製造業のデジタル化展開の歴史

1980年代に始まったデジタル化展開

製造業のデジタル化、バーチャル化の一般企業への普及展開の歴史を筆者が勝手に振り返ると、３つのステップに分けられる。

①1980年代スタート

第1ステップ：２Ｄ図面、帳票などの〝文面〟のデジタル化

②1990年代～

第2ステップ：従来の２Ｄ図面の３Ｄ図面化。すなわち、〝形状〟のデジタル化

このステップのスタート時までは日本も世界もほぼ横一線だった

③２０１０年前後～

第３ステップ：バーチャル化の到来。〝機能〟のデジタル化

このステップになると、３Ｄ設計の終了していない日本は世界の動きから遅れた動きとなる

表８・１を用い、第１ステップから第３ステップへの製造業の流れの変化について説明したい。

第１ステップ：部門最適の効率向上

第１ステップのデジタル化は２Ｄ紙図のデジタル化、部品表、帳票の文面のデジタル化であった。これは１９８０年代に２Ｄ紙図であったのが、デジタル化され、図面の管理、修正、編集などの自由度が上がり、効率化が進んだ。同様に、部品表、帳票などのデジタル管理が進み、これらの展開では日本の対応は早く、世界をリードしていた国の１つであった。

この第１ステップの展開を主に推進したのは、普及中の新しいＩＴ技術の先見性を理解した人が、部門の効率を上げることを技術導入の主な目的として進めた。デジタル化された２Ｄ図は紙にプリントアウトした。従来通りの図面形態で製作部門や協力会社へ配布するため、造り現場や企業との間での手法は大きな変化がなく、ＩＴ技術を普及展開している部門の独立した進め方ができた。逆に言うと社会システム、企業内での統一したシステムを考慮せずに、部門最適としてのデジタル活用であった。

第２ステップ：モノづくり革新のスタート

第２ステップは、図面の３Ｄ化である。３Ｄ化された図面は形状のデジタル化を意味し、デジタル

表8.1　製造（エンジニアリング）分野の変革流れ

Step	名称	目的	内容	リーディング
第1Step 1985年頃～	文面のデジタル化	効率UP	・2D紙図の2Dデジタル化 ・部品表、帳票のデジタル化など	IT技術のわかる部門長が主に推進
第2Step 1995年頃～	図面の3D化：形状のデジタル化	品質の標準化	・3Dによる形状のデジタル化がもたらす図面通りのモノづくり ・部品、製造品質UP	開発部門と製造部門、購買部門などが連携して推進 ⇒経営者
第3Step 2010年頃～	バーチャル化：機能のデジタル化	実質上（バーチャル）のエンジニアリング	設計初期段階で ・設計の全仕様 ・製造の全要件 の検証の完遂 製造バラツキも考慮した実質上の設計・開発・モノづくり体制の構築	ビジネスモデル自体の変革、産業体制の見直しが伴う 国、産業界が推進 ⇓ 社会システム変革

化された形状により図面通りのモノづくりが可能となった。量産モノづくりが壮大なコピーシステムであり、そのコピーマスターがリアルからデジタルに代わるための基盤が図面の3D化で構築されたことになる。この効果を活かすために、協業サプライチェーンの中での3D化された図面でやりとりするモノづくり革新へつながった。

この第2ステップでは、設計から造り部門まで製造に絡むすべての部門が3D化対応、環境設定が必要となり、企業全体の意思と覚悟も必要となった。このため、企業経営と投資が大きなキーとなり、この推進には主に経営者が自ら陣頭指揮を執る姿を見ることが多かった。同様に協力企業に配布される3D図面を活用するため、技術普及が終了し、環境の整った3D図面を活用できるサプライヤー群と2D図面のみで対応するサプライヤー群に区別した対応も必要となった。このことから、当時、サプライチェーンの再構築の検討も含めて推進せざるを得なかったと言える。

第3ステップ：モノづくり産業革命

第3ステップは開発／製造／サービスなどの各段階のバーチャル化である。日本では〝バーチャル〟の意味を〝仮想〟と訳し、〝仮想現実〟とか〝仮想環境〟という使い方が普及している。本来の〝バーチャル（Virtual）〟の意味は「実際の、実質上の……」であり、バーチャルエンジニアリングは製造バラツキも考慮した実質上の設計・開発・モノづくり体制を意味する。

公差の積み上げたガタ成分の算出は紙の2D図面でも1つひとつの公差の最大、最小を読み取りながら行うと当然可能である。しかし、デジタル2D図面になった時、その読み取りは自動的となり、画期的な効率性向上となった。それが3D図面となると、機構の持つ立体的なガタ、3DCAE解析を用いた部品の変形も考慮したガタや、製造誤差も含めたモジュールの機能パフォーマンスの表現が可能となった。3D図面、CAEモデル、制御アルゴリズム、CAM解析結果などを連携したバーチャルモデルをコピーマスターとしたバーチャルエンジニアリングの成立である。

従来のエンジニアリングに対し、新たな産業基盤の構築となることから、世界中、産業界、国の施策として展開している。インダストリー4・0はバーチャルエンジニアリングの構築とそのビジネスモデルの普及と言える。

8・3　製造業デジタル化に潜む未理解

デジタイゼーション・デジタライゼーション・デジタルトランスフォーメーション

　ＤＸという言葉が氾濫している。ＤＸは何かと聞くと、意外なことにその本質を示す内容が聞こえてこない。デジタイゼーション／デジタライゼーション／デジタルトランスフォーメーションの定義づけを、経産省が事務局となって運営する研究会の調査レポートの１つ「デジタルトランスフォーメーションの加速に向けた研究会中間報告（２０２０年12月28日）」が行っており、それを参考に説明したい。

　ＤＸはデジタルトランスフォーメーション（Digital Transformation）を短縮表記したものである。その内容は「組織横断／全体の業務・製造プロセスのデジタル化、〝顧客起点の価値創出〟のための事業やビジネスモデルの変革」と定義している。各言葉も以下のように、定義し、記述している。

○**デジタイゼーション**：アナログ・物理データのデジタルデータ化
○**デジタライゼーション**：個別の業務・製造プロセスのデジタル化
○**デジタルトランスフォーメーション**：組織横断／全体の業務・製造プロセスのデジタル化、〝顧客起点の価値創出〟のための事業やビジネスモデルの変革

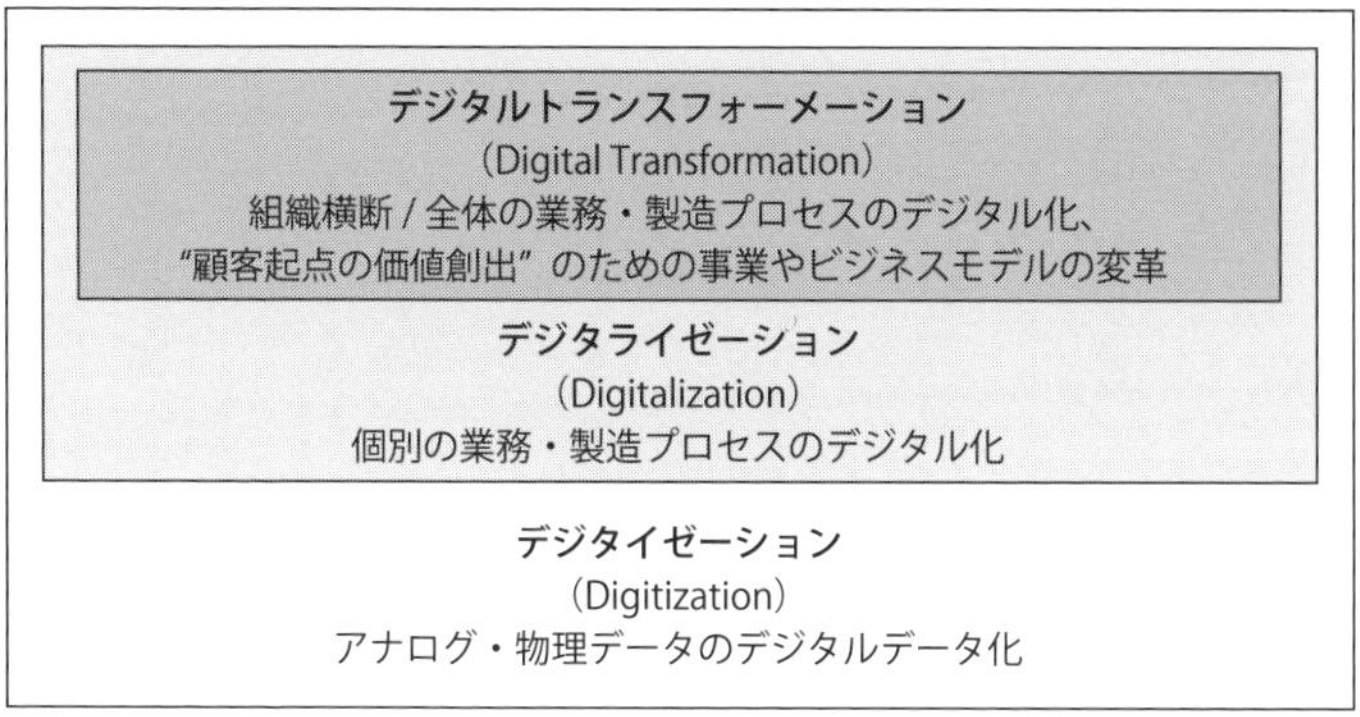

デジタルトランスフォーメーション （Digital Transformation） 組織横断 / 全体の業務・製造プロセスのデジタル化、 “顧客起点の価値創出”のための事業やビジネスモデルの変革
デジタライゼーション （Digitalization） 個別の業務・製造プロセスのデジタル化
デジタイゼーション （Digitization） アナログ・物理データのデジタルデータ化

出典：経済産業省「デジタルトランスフォーメーションの加速に向けた研究会」中間報告（2020 年 12 月 28 日）より作成

図8.3　DXの構造

このデジタル化展開の各ステップを図８・３で説明する。第１ステップがアナログ・物理データのデジタル化である。これは「デジタイゼーション」であり、第１ステップ基盤である。その基盤ができあがった上で、業務・製造などのプロセスの形式知化、すなわち、そのプロセスのデジタル化である。これが第２ステップの「デジタライゼーション」と呼ぶ基盤である。この環境基盤で、〝顧客起点の価値創出〟のための事業やビジネスモデルの変革である「デジタルトランスフォーメーション」が躍動することになる。〝顧客起点の価値創出〟のための事業やビジネスモデルの変革の躍動を行うことのできる環境の構築が第３ステップの「デジタルトランスフォーメーション」である。

企業トップの理解度は？

前述の経産省の設定する研究会の公開した報告書「デジタルトランスフォーメーションの加速に向けた研究会ＷＧ１全体報告書（２０２０年12月28日）」には組織内の各立場に

おける対応状況を詳細に調査と議論した内容を示し、それらがまとめて記載されている（図8・4）。

特にＤＸの目的がわからず、そのため進まないパターンとして経営層、事業部門、ＩＴ部門のそれぞれの課題を分析課題としてあげている内容が記述されている。この報告書では経営者が自らＤＸの目的を理解し、ＤＸの環境を活用した新たな経営・マーケット創出などのシナリオを作成した展開を見ることが少ない。ＤＸに理解あると言われる経営者はいつしかデジタル化が目的となり、ＩＴ部門に丸投げの対応が見られることもある。

経営層：

経営者がビジョンを描けていない（経営者の成熟度、マインドが異なる）

経営者がＩＴ・デジタルの重要性・取り組む意図を理解できていない

本来ＤＸ推進を担うべきＣＩＯ（最高情報責任者）／ＣＤＯ（最高デジタル責任者）に権限や役割が与えられていない

事業部門と経営層の動きとして：

オーナーシップを持たず、ＩＴ部門に丸投げしている

ＩＴ部門と事業部門：

ＤＸとはどのようなものか解釈・企画する人材が少ない

ＩＴ部門：

ＤＸにおいても御用聞き（受け身体質）になっている

		Why DX の目的がわからない	What どうすればDXになるのかがわからない	How DX の進め方がわからない
社内	経営層	経営者がビジョンを描けていない（経営者の成熟度、マインドが異なる） 経営者が IT・デジタルの重要性・取り組む意図を理解できていない	DX という言葉は知っているが、DX の狙いを理解していない	DX の取組が PoC どまり（仮説検証の失敗理由を深堀りしていない）
	CIO CDO	本来 DX 推進を担うべき CIO/CDO に権限や役割が与えられていない オーナーシップを持たず、IT 部門に丸投げしている	デジタルが目的化している DX の役割分担や範囲が不明確 DX 推進の号令が具体的な指示に落とし込めていない	DX 推進に必要な体制が不十分 自社特有の事情を含めて検討できず、他社事例をそのまま適用
	事業部門		部門ごとに「DX でやりたいこと」がバラバラ（組織としての方向性がない）	全社横断的な取り組みができていない（個別部門ごとの対応）
	IT 部門	DX とはどのようなものか解釈・企画する人材が少ない DX においても御用聞き（受け身体質）になっている	IT 部門でしかやっていない（事業部門とのコミュニケーション不足、経営層の意向を汲んでいない） 既存の IT システムの仕様が不明確	使いたい技術ありきになってしまってビジネスの話が出ない 既存システムをどこから切り崩せばいいかわからない システム刷新自体が目的化（再レガシー化の原因へ）
社外	外部関係者（ベンダー・コンサルなど）	経営者自身の言葉で DX、デジタルビジョンを発信していない	自身の IT システムを把握しないまま、結果として、ベンダー企業に丸投げ	オープンイノベーションなど外部を巻き込んだ取り組み方法がわからない

出典：経済産業省「デジタルトランスフォーメーションの加速に向けた研究会 WG1 全体報告書（2020 年 12 月 28 日）」より作成

図8.4　わが国におけるDXが進まない現状

「我が国におけるＤＸの停滞要因は、各ステークホルダー間での対話不足を起因とした課題等にまとめることができる。」という意見がこの報告書に記述されている。この意味はＤＸ展開のシナリオが作成されておらず、経営者、事業部門、ＩＴ部門の間で目的が共有されていないまま展開しているか、展開を指示していることになる。

これは筆者がバーチャルエンジニアリング推進を行った時、感じた経験と酷似している。デジタルを用いたバーチャルエンジニアリングは経営の新たな基盤であり、マーケットの創出と製造業の効率／品質向上のキーとなっている。すなわち、現在では「ＤＸ：デジタルトランスフォーメーション」と言われているが、バーチャルエンジニアリング環境展開の内容と同じである。そのＤＸの本質がほとんど理解されていない。と言うことは、ＤＸ：デジタルトランスフォーメーションの目的も知られていないことと言える。このようなビジネスとしてのコアの理解と浸透が不足していることが、ＤＸの言葉の意味も含めた日本での展開が進まない理由と結論づけられるだろう。

8・4　製造業デジタル化の背景

第四章で１９７０年代にコピーマスターがリアルからデジタルへ変革した例として、デジタルデータを用いた非球面レンズの切削加工技術開発の話を記述した。このような例から見ると、製造業のデジタル化の動きは50年以上前から始まっていたことになる。ここで言えることは非球面レンズという部品を製造する装置も含めて、工場自体を製造システムとして新たに構築する必要があった。そのような高度の技術の集合した工場システムを50年以上前に構築できていたのは事実ではあるが、1つの工場の中だけで成立するクローズドなシステムであった。

社内の他の組織やサプライヤー、産業界での標準化を伴うシステム構築までは必要とせずに、1つの工場全体に対して新しい技術の塊のシステム構築を行った。1つの工場すなわち会社の1部門のみを改革した。当時、この改革で成功した手法を他の部門への技術普及を行い、自社工場内だけで機能するシステムの普及を拡大させた。20世紀後半のこの第1ステップは「Ｊａｐａｎ ａｓ Ｎｏ・1」と言われた高度成長期の後ではあったが、その成長期の勢いも続いていたと思われ、日本の展開スピードは世界のトップグループに存在していたようだ。

形状のデジタル化である図面の3Ｄ化が未終了の日本は、第2ステップ（デジタライゼーション）が未終了である。この第2ステップでは1つの工場だけや、1つの部門だけのことではなく、会社全体をデジタル化する新たな機能を持つ会社組織の変革が伴う。この段階では経営投資と組織変革が伴うことから、他の部門への影響が出てくる変革となる。場合によっては不要となる部門や、仕事内容を大きく変更せざるを得ない部門も出てくる。

部門長クラス、経営者も変革の必要性はわかるが、不要となる部門や仕事の激変化を伴う部門が生じることもあり、「和を持って尊し」の日本では二の足を踏む経営者やリーダーが出てくるのは、やむを得ないのかもしれない。組織改革、社会変革を伴うテーマの推進となると、日本の不得意の分野と認識されそうである。

表8・1の製造（エンジニアリング）分野の変革の流れでもわかると思うが、第1ステップは企業の1部門だけで展開できる内容であり、第2ステップは企業内全体の変革である。その後、第3ステップでは製造業のデジタル化は、データ流、データの標準化、他の企業との連携、サプライチェーンの見直し、商い慣習の改革などの産業界、社会インフラの変革へと進む。この第3ステップでは産業界の協調、国の政策なども踏まえ、教育の見直し、研究機関の新たな設置などの社会システムの大きな変革も伴う。

製造業の各役割の見直し、教育なども含めた社会システムの変革を伴うような大きな展開で政策シナリオの構築を行い、第3ステップへの対応準備が期待された。ところが、第2ステップへの移行を終了していない日本の製造業のデジタル化展開は途端に動きが止まったようになり、欧州、北米の動きから遅れ、離れて行ったように思われる。

日本国内の社会システムが第3ステップに入っていない状況の中、第2ステップまでで終了したように見える日本のグローバル企業。日本でのビジネスでは第2ステップの展開で留まっているが、製造業の社会システムが第3ステップまで到達している国や地域では、その環境に合わせた第3ステップでの最新ビジネスを行っていることになる。製造業のビジネスモデルがバーチャルエンジニアリング環境への変革がスタートし、15年近く経ち、第3ステップに移行していない日本国内での対応は遅れて見えるが日本の多くのグローバル企業が世界の中で、いまだに活躍できている理由はすでに第3

ステップでのビジネス対応ができていることにありそうだ。

２０２０年、あるモノづくり研究会で筆者が講演した時、主催者側リーダーのコメントが２０１０年前後に世界はバーチャルエンジニアリングに移行したようだが、現在はすでに10年以上経っている。それにも関わらず、日本の自動車会社がいまだに世界でビジネスができているのは「日本のスリアワセ」のおかげであるようなことを言われた。決してこの意見を否定はしないが、日本の自動車会社がデジタルの社会システム環境の整っていない日本の中では、日本のサプライヤーと日本流ビジネス手法の踏襲を行っているが、デジタルの社会システムの整った環境では世界標準のビジネス対応という二刀流体制を行っていると考えた方が無難である。

8・5　製造業デジタル化への提案

現在では、量産モノづくりのコピーマスターがリアルからバーチャルモデルとなり、量産モノづくりの中にマス・カスタマイズが導入された。また、バーチャルモデル自体が商品として、新たなビジネスモデルを形成しつつある。加えて、メタバース環境の普及によるデジタルビジネスの拡大の中のモデルとしてのバーチャルモデルの活用が進む。このように製造業のデジタル化は新たなビジネスとイノベーションをもたらす。この製造業のデジタル化への日本の対応は非常に遅れ、新たなビジネスとイノベーションへの参加が難しい。

この世界の流れに追いつくためには世界が30年以上にわたって進めてきた展開対応と経験を、いまからでも正確に、そしてすぐにでも行う必要がある。その最初は第2ステップの図面の3D化からなのだろう。

とにかく、形状をデジタル化する設計と社会環境の充実を行うことが必要だ。それと同時に第3ステップの機能のデジタル化を行うことを進めたい。すでに、この段階では教育システムの変革や、サプライチェーンの見直しも含めた社会システムの変革が世界で進んでおり、そのような教育分野の変革も伴うことになる。

チャットGPTに、試しに「日本で3D設計を普及させるためにどうしたらいいか?」と質問した。すると、解決策として、モノづくりに関連する大学教員の研修などを行うことが重要であると1番目に出てきた（次ページのコラムに詳述）。このこと1つとっても、社会変革に対しての覚悟とその変革に伴う各分野のストレス発生に対して耐えることも考えなければならない。

COLUMN

チャットGPTを用いて現状調査をやってみた

チャットGPTを用いて、筆者の専門分野である3D設計、バーチャルエンジニアリング関連を中心に調査を行ったことがある。チャットGPTを利用した筆者の感想は、広範囲に視点を置き、俯瞰(ふかん)したものの見方であり、3D設計、バーチャルエンジニアリング関連の普及を推し進めるとぶつかる課題をそのまま正確に回答してくる。そこには、世の中に忖度(そんたく)した意見はなく、ニュートラルな情報を処理した結果を文章にしたように感じる。

面白いことに、同じ質問を別な日に行っても、内容のコアは変わらないが、調査の範囲も表現も異なる回答であることがあった。毎回新たな検索計算をしており、従来の検索ツールとの違いがはっきりとわかる。

次のような質問をした。

質問：日本で3D設計を普及させるためにはどうしたらいいか?

すると次のような回答があった。

回答：日本で3D設計を普及させるためには、以下のような取り組みが考えられます。

①教育機関での普及

３Ｄ設計を学べる授業や研修を教育機関で導入し、学生や社会人に普及することが必要です。ＣＡＤ（コンピュータ支援設計）や３Ｄプリンティングなど、３Ｄ設計を学べるカリキュラムの充実や、先生方の研修などを行うことが大切です。

②メーカーや企業での活用促進

３Ｄ設計を導入するメーカーや企業に対し、セミナーやワークショップを開催して、３Ｄ設計の利点や活用方法を紹介することが必要です。また、３Ｄ設計に関する技術やノウハウを共有するコミュニティを作ることも有効です。

③政策の推進

政府が３Ｄ設計を普及させるための政策を進めることも重要です。例えば、補助金や税制優遇など、３Ｄ設計を導入する企業や個人に対する支援策を導入することで、普及を促進することができます。

④一般の人々に向けた普及

３Ｄ設計を身近なものにするために、一般の人々に向けた普及も必要です。例えば、３Ｄプリンターの普及イベントやワークショップを開催することで、３Ｄ設計や３Ｄプリンティングに興味を持ってもらい、普及を促進することができます。

というような、教育機関、企業、政策、一般の社会システム全体での展開提案の回答である。これは筆者が検討、提案してきた内容とほぼ一致する。

チャットＧＰＴの回答は世の中の公開情報に

フィルターをかけ、強調選択で取り出し、それをもとに組み立てられた文章である。世の中に出回っている情報がすべて正しいわけではないことから、回答は常に正しいとは言い切れない。このような結果を活用側が俯瞰して判断できるだけの基礎情報と知識を持って対峙し、部分的でもいいので必ず情報チェックすべきだろう。回答内容の信頼性に対する危険性も当然あるものの、世界の動きなどの情報の少ない日本では、このような新しく、高いパフォーマンスのシステムは必須となりそうである。

先日、日本の大手メーカーの調査部門の方と打ち合わせを行った時、チャットGPTが話題になった。その部門の方は「間もなく、調査部門のような室課が不要になるのではないか?」と言われるほど、チャットGPTのパフォーマンスを認めるとともに、「インターネットが登場した時と同じようなイノベーションではないか?」とも言われていた。

この新しいAIシステムを活用するためには、フィルターを正確に設定する質問の作成技術が調査精度を決めることになる。今後、モラルも含めた活用技術の研究とその普及を早急に行う必要性を感じさせられた。

第九章

日本の製造業が急ぐデジタル化

9・1 デジタル化を急ぐために

コピーマスターの形状は3D図面でデジタル表現

現在の日本の製造業が抱える課題は、前章でも紹介したが、3D設計がそれほど普及していないことである。そこで、3D設計普及の底上げを考える必要がある。

日本では2D製図と2D図活用が一般に普及しており、ある意味、高等教育の1つとして2D図面が文化のように扱われていた。日本のモノづくり産業では、購買、営業、企画などで行われる2D図を用いた見積もり検討が当たり前のように行われる。設計者、技術者ではない専門外の人が2D図を見て、形状、大きさ、機能を理解し、検討を行うことができる。それは、2D図に関する技術を持っているということだ。

世界では2D図関連の高等教育を日本のように受けていないことから、購買、営業、企画などのような現場で見積もり検討はほとんどできない。これは、拙著『バーチャル・エンジニアリング』シリーズのPart3とPart4でも紹介したが、日本の教育制度のおかげだと感じている。

文部科学省のホームページには、中学校技術・家庭科の内容の変遷が掲載されている。これによると昭和52年（1977年）、文部省（現文部科学省）の告示で製図の授業科目が消えるまで、中学の技術家庭（男子）の授業科目に製図が入っていた。男性は義務教育として製図を教えられていたのだ。戦後の日本教育を振り返るとモノづくり、設計開発の職業を推進することを考えていたのであろう。そのおかげで、購買などでの見積もり検討が何気なく2D図を用い、非常に精度よく行われていたことになる。例え義務教育が終了しても、この対応の仕方が当たり前であるから、自然と先輩から後輩へ受け継がれた技術環境であったはずだ。

同様に、3D設計普及が世界の中で著しく遅れている日本としては、2D図のように3D図の活用が当たり前にできるように身に着けることが必要なのではないか。そこで、若い人の教育制度も考えた対策として、男女平等の授業科目に3D製図を加える方法も考えられる。義務教育の中に3Dを用いた製図を復活させることも必要かと思うし、その復活を期待する。

9・2 公的共用デジタル環境の構築

クラウド上にCAD・CAM・CAE活用アプリケーションとPDMシステムの設定

3D設計を進めるためにデジタル環境が必要となるが、この環境の推進が正確に進んでいないように思われる。というのは、目的は製造業のデジタルトランスフォーメーション（DX）である組織横断／全体の業務・製造プロセスのデジタル化、〝顧客起点の価値創出〟のための事業やビジネスモデルの変革となる。この目的が経営者、ＩＴベンダー、製造現場のエンジニアの中で必ずしも共有されていないようだ。このため、各企業が必要とするデジタル環境の導入の仕方が標準化されておらず、時として、ＩＴベンダーの推奨するシステム導入となり、各企業の目的のために必要とするデジタル環境の構築が難しいことが多い。特に、ＩＴなどのデジタル環境の目的を理解している現場技術者の少ない中小企業では、どのように行えばよいのか不明な状態でこのＤＸ時代を迎えているのではないだろうか？

筆者が講演などを行うと、「どこのＣＡＤシステムを導入すればいいのですか？」とよく聞かれる。四半世紀前の20世紀末では、オペレーションシステムがユニックスのワークステーションも含めて、３Ｄ設計環境の設定費用は２０００万円を超えることもあり、一般の中小企業がその投資を行うことは大変な決断であった。また、当時の各ＣＡＤシステムには３ＤＣＡＤベンダーのシステム設計の思想の違いや機能の違いが存在し、ＣＡＤシステムごとに技術的な得意分野や使い勝手の違いなどが存在した。どのＣＡＤシステムが自分の所属している部門に適しているかを判断する必要性があったので、このような質問が多かった記憶がある。

現在でも同様に質問されるが、結論から申し上げると現在は「標準化フォーマットデータで活用できるＣＡＤ／ＣＡＭ／ＣＡＥならばなんでもいいですよ。」ということになる。

ＣＡＤ／ＣＡＭ／ＣＡＥのフリーソフトも存在する時代だ。また、10年前ならば２０００万円を超えるＣＡＤ／ＣＡＭ／ＣＡＥのソフトライセンス費も、現在では年間10万円以下で済むようになっている。その安いＣＡＤ／ＣＡＭ／ＣＡＥを用いることで十分と言える。

だが、この事実は、日本の一般企業ではあまり知られていない。ある意味、知られてしまうと高額なハイエンドＣＡＤ／ＣＡＭ／ＣＡＥのビジネスに影響があるという理由なのかと思うほど、この情報と公的に提供されるＣＡＤ／ＣＡＭ／ＣＡＥ／ＰＤＭ環境の存在もない。だから、いまだに「どこのＣＡＤシステムを導入すればいいのですか？」という質問があるのだろう。

従来、ＣＡＤ／ＣＡＭ／ＣＡＥシステムのプログラムはワークステーションや、パソコンの中にインストールして使うオンプレミスが一般的であった。このため、コンピューター、プログラム、データ管理環境、そのメンテナンス管理などのすべてを自社の中に準備していた。現在では、クラウド上でプログラムを管理し、インターネット上でそのプログラムを活用するシステムに移行した。これがクラウド化である。

クラウドを用いることができるようになったので、製造業界がこの環境を設定したり、国などの公的団体の設定したサーバーを用いたＣＡＤ／ＣＡＭ／ＣＡＥの３Ｄ設計環境と、ＰＤＭを用いたデータ管理システムの構築とサービス提供が可能となる。ＩＴ技術の進化が速い現代では、毎年毎年、デジタル環境の変化が大きい。ＣＡＤ／ＣＡＭ／ＣＡＥ／ＰＤＭのプログラムとサーバーのサブスクリプションとしての活用が簡便、安価で活用が可能となる。このため、このクラウド上のアプリケーション群とデータフォーマットを標準として活用することで、サプライヤー、ＯＥＭが、結果や解析モデル、データなどの連携活用を可能にする。

デジタル環境に適したデータフォーマットを準備

日本では、サプライヤー、OEMの協業時、データ連携化のために3D図面を含めてデジタルデータの納入先である各OEMごとのデジタル環境に適したデータフォーマットを準備する必要がある。日本の自動車業界での話であるが、大手のサプライヤーD社は納入先が39社あり、そのために必要とするCAD環境は47種類ある。その年間維持コストは数億円と言う（JAMAデジタルエンジニアリングウェブセミナー2022「DEデータ流通基盤検討タスク講演」より）。1社でこの値なので、2次、3次サプライヤーを含む国内業界全体では、環境を維持するために使う推定コストは年間数十億円を軽く超える規模となっていると考えられる。

日本の製造業の中で、3D化、デジタル化が一番進んでいると言われている自動車業界の話題ではあるが、一般製造業も3D化、デジタル化が進み始めると同様の運用費用が発生する。これがデータのフォーマット、3Dデータなどの標準化が推進されるとオンプレミス上の複数のデジタル環境の準備が不要になり、前述の自動車系サプライヤーD社のように数十のCAD環境を年間維持するコスト運用費用は不要になる。また、中小企業は新たなデジタル環境を検討する時、どのCAD／CAM／CAE、PDMを使用するとよいのか不明であっても、標準化されることでその課題が解消されることになる。

管理用のクラウド上の公的ＰＤＭシステム設定

ＣＡＥの解析結果、造りのノウハウなどは従来、個人のパソコンの中でデータ管理されていることが多く、組織の技術情報、共通データとして扱い活用すること自体が普及してこなかった。ＰＤＭシステムを各企業の中に構築し、システムでの企業内情報管理を行うことで、組織の技術情報としての活用が可能となるが、従来はオンプレミス上のＰＤＭシステム構築が一般的であった。データ構造構築、デジタル環境などへの投資、運営メンバー、技術者、管理者などが必要となり、デジタル環境を構築してこなかった企業での対応が難しかった。特に中小企業での対応は、デジタル環境システムの設計、人材の教育などを考えると費用的に非常に難しいと言える。

ＯＥＭ、サプライヤー間のデータのやり取りが３Ｄデータの標準化を考えてもなかなか普及していないことを第八章でも説明したが、それが日本の現実である。３Ｄデータ、モノづくりデータなどの属性情報の交換は機密、データフォーマットの違い、著作権の扱いなどの課題対応が遅れていることもＯＥＭ、サプライヤー間のデータのやり取りが進んでいないことの要因でもある。そこで、データフォーマット、データ構造などの標準化された公的ＰＤＭシステムを活用することで、クラウド上でシステム環境の提供とビジネス取引が可能となる。このような対応で早く、簡便にデジタルモノづくり基盤構築の所期目的が達成される。そのデジタル環境を公的な環境として提供することで、特に中小企業のデジタル化対応が進むはずだ。

公的PDMを活用したOEM、サプライヤー間の取引環境

筆者の私案として、公的製造デジタル環境について提案したい。クラウド上に2つの公的デジタルシステムを構築する（**図9・1**）。

1つ目は世界標準データ対応のCAD／CAM／CAE環境をクラウド上に構築し、安い使用料設定で中小企業が自由に活用できる体制と環境を国、産業界がサポートする。このようなシステム環境の構築と運営を提案したい（図9・1のⅠ）。

2つ目はセキュリティー機能を完備したPDMシステムの構築と運営だ。オンプレミスの時代はデータ管理システムを自前で手に入れる必要があり、中小企業では自社内にPDMシステムを構築することは難しかった。クラウド上にこのようなシステムを構築することで、多くの中小企業にとっては簡単に自社技術の管理とデジタル化展開を進める切り札になる可能性を持っている（図9・1のⅡ）。

そのシステム設計の機能仕様の一部は、**表9・1**のような内容を満たすことを提案したい。

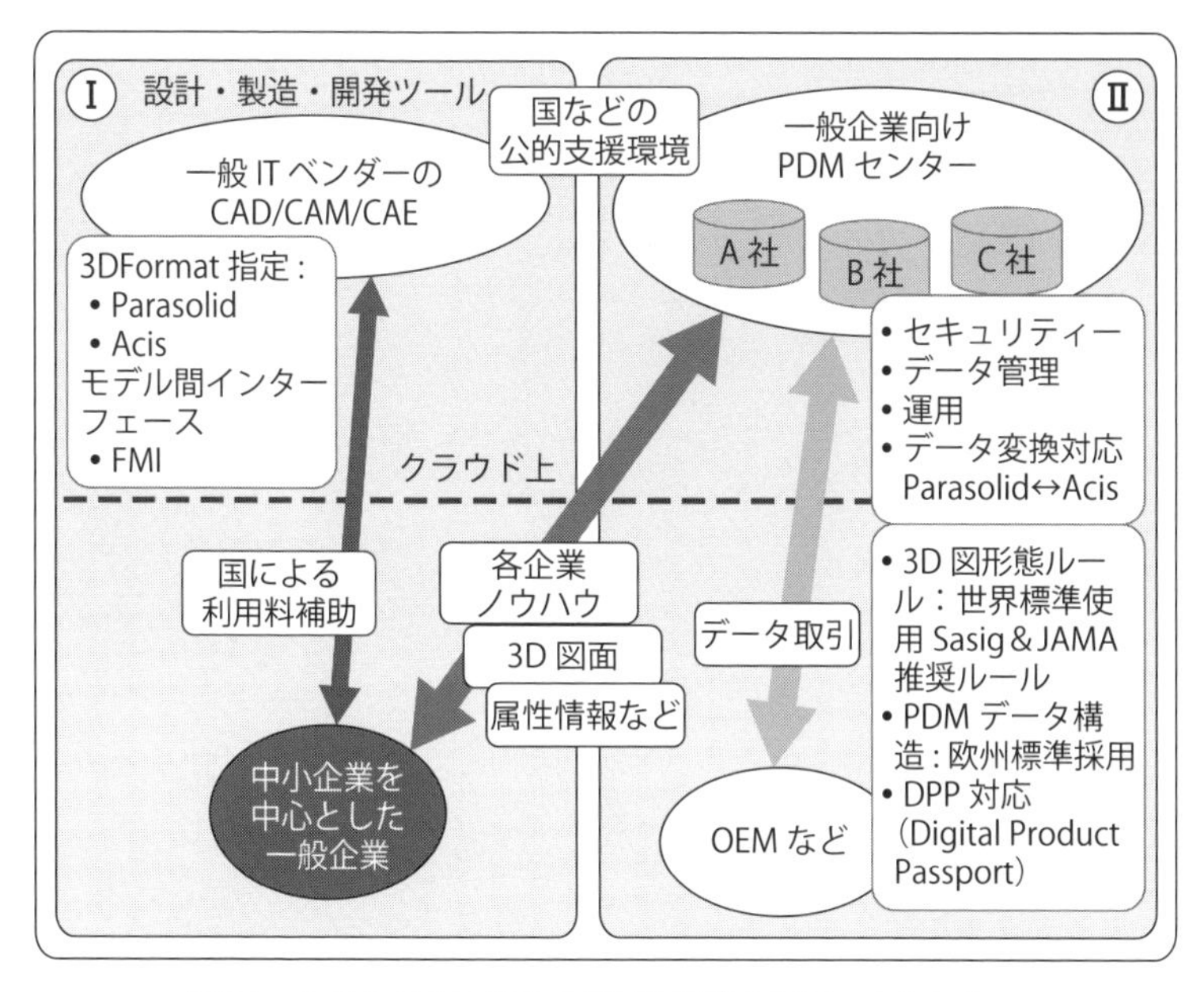

図9.1　クラウド上に設定する国等公的支援データセンター

表9.1　クラウド上に提供する公的システム構築、活用サービス

システム	システム設計要件の検討項目
設計・製造・開発ツールとしての CAD/CAM/CAEシステム	○3Dフォーマット指定：Parasolid or Acis ○モデル間インターフェース：FMI
一般企業向けPDM活用システム	○PDMデータ構造：世界（欧州）標準採用 ○セキュリティー＆契約ルール：世界標準（SPICE、A-SPICE）適用 ○データ変換対応：Parasolid↔Acis ○3D図面形態ルール：世界標準使用 Sasig＆JAMA推奨ルール ○DPP（Digital Product Passport）対応のサーバー

9・3　各企業がデジタル化へ技術転換検討・推進目的の部門設定

この30年間、日本のモノづくり関連のデジタル化への技術転換が進まなかったことはほぼ事実と認めざるを得ない。このままの状態を許すと、グローバル企業を除く日本のモノづくり産業が世界ビジネスの動きに取り残されることは明白である。それならば、早急に世界の標準的なモノづくりデジタル化への普及展開を早める政策が必要なのではないだろうか。その政策に従い、例えば、各企業が施策シナリオの作成部門を設定することを義務、法制化し、各企業の成長を促す国施策を設定することが必要な時期ではないだろうか。これは短期間の時限的措置でもいいので、デジタル化の技術転換へ半ば強引に進める必要があるのではないだろうか。

イギリスの政策カタパルトのような日本の産業政策を策定し、その下部組織にｔｈｅＭＴＣのような研究機関を設定することを期待する。その研究機関と各企業のシナリオ検討＆作成部門間で整合し、早急に世界の標準的なモノづくりデジタル化の展開普及を早めるような対応である。このような義務化を提案するほど、日本の対応への動きは緊迫化しているのである。

COLUMN

金型製作においても3Dプリンターの活用が拡がる

例えばアルミニウムなどの鋳造金型では、鋳造製品の表面下に鋳巣と呼ばれる気泡が発生し、鋳造物の品質、強度などに影響を与える。このことから、鋳巣の発生をコントロールする技術が必要となる。

その1つとして、金型の鋳造品表面の冷却を最適化することで鋳巣の発生を減らす方法がある。金型の製品形状の裏側近傍に冷却水流路を設定し、鋳造品の固まる時間をコントロールするのだ。

この冷却水流路は従来、ドリルで金型を掘り設定しているため、直線路の組み合わせとなることが多い。このため、必ずしも最適な冷却水路の設定を行うことができなかった。

最近は、金属3Dプリンターを用いた金型作成が行われるようになり、製品形状の型部分だけでなく、立体的な最適冷却水流路を設定した金型製造が可能となった。この効率的、効果的な最適冷却水路の設定は鋳巣発生のコントロールだけでなく、金型自身の冷却時間の短縮をも、もたらした。金型冷却時間の短縮は鋳造のタクトタイムの短縮となり、稼動回数の増加をもたらし、製造コスト削減につながる。例えば、冷却時間が3分の2になると生産性は1・

5倍になる。

このように3Dプリンターで金型を作ることにより、量産鋳造に最適化された冷却機能をもたらすことができる。それは鋳造品質の向上だけでなく、タクトタイムを短縮し、生産性の向上にもつながる。3D設計、3D技術の導入は従来技術に新しい技術武装をもたらしていることになる。

第十章

緊迫感に覆われた日本のモノづくり改革

10・1 モノづくりは壮大なコピーシステムとして普及

モノづくりは、大量生産システムとして発達してきた。古くは日本で、種子島銃という名で知られる鉄砲が同じ精度、性能を持って量産された。16世紀中頃のことである。近代では大量生産システムの代名詞であるフォード生産システムがコピー機のごとく同じ形状、同じ機能のT型フォードを大量に生み出し、工場から市場へ運んでいった。

量産コピーのコピーマスターは、種子島の鉄砲のように、従来、リアルなモノであり、それを記録する手段として紙に絵を描き、各部位の形状をイメージ的に表現していた。絵で描いたものは、モノづくりの情報媒体として世界標準化され、2D図面に成長したと言える。ただし、2D図は3次元の形状を正確には表現しきれず、設計側、造り側の双方に形状の自由度があった。その自由度をなくし、正確に形状をデジタル表現できる3D図面が登場したことで、大きな変革が始まったことになる。

正確な形状のデジタル化は、コピーマスターが「リアルなモノ」から「デジタル3Dのバーチャルモデル」に変わったのだ。デジタルであることから形状の変更が瞬時に可能となり、自由に形状と機能を変更できるこのデジタルコピーマスターを用いることで、マスカスタマイズが可能となった。

10・2 モノづくりのデジタル化対応

形状のデジタル化

形状をデジタル化したコピーマスターの例を、非球面レンズの製作（第四章）で記述した。この非球面の形状デジタル化は3Dモデルを用いず、曲面を構成する手法であった。その後の他の製造物のコピーマスターは、直接形状を表現する手法として3Dモデルを用い始める。これが1980年代から一般製造業へ拡がっていったのだろう。

機能のデジタル化

バーチャルモデルの機能パフォーマンスはシミュレーションを活用し、形状の持つ剛性、固有値などの特性を設計仕様の持つ機能として表現する。設計モジュールのバーチャルモデルはその形状の持つパフォーマンスだけでなく、制御設計の指示アルゴリズムもデジタルデータとして持てる。このため、設計したモジュールの制御指示も含めたパフォーマンス機能をデジタルで表現できるようになった。これが**表10・1**のステップ2である。このため、コピーマスターは3D形状モデル、機能と制御のシミュレーションモデルを揃えたバーチャルモデルとしてデジタル表現できる。

表10.1　コピーマスターのデジタル化対応の流れ

項目	デジタル化表現	対応内容	概要
形状のデジタル化	3D化	○形状を関数を用いた3D形状のデジタル表現 ○3DCADモデルによる詳細形状のデジタル化	○1940年代には始まり、非球面レンズの表面形状デジタル化は1970年代にスタート ○3DCADの目的は当初、モノづくりの形状表現として1980年代スタート
設計仕様機能のデジタル化	原理・原則の理論的表現	○シミュレーションによる機能パフォーマンスの表現	○シミュレーション（CAE）用い、設計仕様の持つパフォーマンスを、物理現象として理論的にデジタル表現
造りノウハウのデジタル化	原理・原則の理論的表現	○CAMとシミュレーションの連携にて製造状況を表現	○製造機械の機構パフォーマンスをCAMとCAEを連携し、挙動の物理現象を理論的にデジタル表現
	データドリブンによる表現	○造り現場の製造機器の挙動計測、現場エンジニアの対応ノウハウ、環境違いによる材料特性などの統計データを連携分析し、造りの匠のワザ（暗黙知）を形式知のデジタルデータ化	○モノづくりが匠のワザにより、機能、品質を維持していたがデータドリブンによる匠のワザのデジタル表現となった ○この統計データを用いたデータドリブン型の正確な造り判断が可能となった

　これらの機能パフォーマンスは、原理・原則の理論に従ったパフォーマンス表現となる。要は物理法則に従った結果のパフォーマンス表現である。形状、機能パフォーマンスをデジタル表現できることから、このバーチャルモデルが従来の最終製品とまったく同じ扱いをされるようになった。このバーチャルモデルは形状、パフォーマンスを持ったコピーマスターとして世界のどこででも、同じ機能のモノが製造できるようになった。それと同時に、このバーチャルモデルが従来のリアル製品とまったく同じように形状、

機能パフォーマンスを表現できることから、ビジネス取引の対象として価値を持つことになる。

工場、各工程挙動を計測デジタル化

製造機器も、ある意味では量産製造物であり、そのため製造機器を造る上でのバラツキが存在する。一般の量産品とは違い、工場設置時、メンテナンス時などには、必ず挙動コリレーション、修正などの調整の上、稼動させる。そうは言っても、バラツキからくる装置のクセのような動きが存在することは致し方ない。この製造機器のバラツキを把握し、正確なモノづくりを進めてきたのが日本の現場力だと思われる。

生産現場の製造機器の挙動を計測し、製造機器の持つ固有の動きをデジタル化し、統計データとして管理することが現在ではできるようになった。このため、装置のクセの動きを把握し、正確なモノづくりを進めてきた日本の現場力の対応と同じように、製造機器の持つ固有の動きを把握したデジタル製造指示が可能である。

また、現場エンジニアが部品と製造機器に対応する現場のスリアワセのノウハウや、工場環境の違いによる材料特性変化などの統計データも連携分析を行うことが可能となった。一言で表すと、匠のワザ（暗黙知）の形式知デジタルデータ化である。製造機器のクセ、材料特性など、バラツキを考慮しながら高い品質の製造を現場で行っていた日本の匠の暗黙知の形式知化と言える。

造りは現場での経験が必要となることから、形状のデジタル化、原理・原則で表現する機能のデジタル化だけではモノができないとよく言われてきた。その理由が「匠のワザ」信望神話ではないかとも。

暗黙知による造り技能と呼ばれる「匠のワザ」は現場の誇りでもあり、この言葉の持つモチベーションで日本のモノづくりの品質をリードしてきたのもあながち否定できないことと言える。この暗黙知を大事にしてきた日本としては、あまりにも大きいその技能価値をリスペクトするあまり、その形式知化にほとんど対応してこなかったのかもしれない。その領域のノウハウを現場計測と統計処理によりデジタル化され、形式知化され製造品質へと活用が拡がっている。

現代では製造機器のバーチャルモデルも、製造機器メーカーからの提供が始まっている。製造機器のクセも含めた挙動の統計データはモニターから蓄積され、バーチャルモデルと連携した手法で製造機器の動きの標準化をコントロールできるようになった。

20年前に感じたデジタル展開への拒否反応

形状のデジタル化はコピーマスターのデジタル化という変革を促したが、デジタル化に対しての拒否反応はさまざまな分野で感じられることがある。大学の教育現場での３Ｄ図教育に対しての対応の遅れ、デジタル化展開の打ち合わせ時の経営者の無関心、メディアの匠のワザへの礼賛など、気にして見ると至る所に存在し、根が深いように感じられる。

筆者はいまから20年ほど前、設計図面の３Ｄ化が進み、設計部門から出る図面が主に３Ｄ図面となることから、その対応方法、環境整備などの依頼とその状況について、日本の自動車会社のある製作所の所長へ説明に伺った。その所長は筆者と同じ研究所に長く所属しており、顔見知りであることから、資料説明の後、ざっくばらんな質疑応答が行われた。

その所長は普段、製作所の現場のエンジニアと深いコミュニケーションがとれているらしく、つい最近まで研究所に所属し、製作所へ移動してからそれほど月日が経っているわけではないにも関わらず、現場の本音と思われる意見を用いて、研究所から訪問した我々に対し、造り現場の意見をぶつけてきた。「モノづくりは、現場の人たちの経験と協力でできあがるものなんだよ。あなた方の言うような〝算数の組み合わせ〟でできるようなものではないんだよ。」というような声だった。

20年前ではあったが、デジタル化、３Ｄ化をあえて「算数」という言い方で表現し、「モノづくりは算数ではない。」という言葉がデジタル化、３Ｄ化に対する拒否反応であったと感じた。１つの例にすぎないことであったのかもしれないが、当時はデジタルデータが生産現場に流れること自体に体質的拒否反応が生じていたのだろう。

10・3　本当に「ＩＴ技術者不足」だけか？

経済産業省発行の『２０２２年版ものづくり白書』も含めて、この数年のものづくり白書には「ＩＴ技術者不足」の文字が目に付く。確かにそうだと思うが、本当にそれだけのことなのだろうか。

この20年の間、前述の製作所所長のような3Ｄ化、デジタル化に対する拒否反応を筆者はあらゆる場面で感じてきた。基本的には、過去に日本のモノづくりを牽引（けんいん）した方々にとって、デジタル、3Ｄ化はモノづくり改革のためというよりも、仕事を楽にするため、効率化、検討の簡便化のためだけの改善の道具と考えている方が多く、デジタルのパフォーマンスのもたらす「品質向上」「創造性の発揮」「モノづくりの大変革」などのその先にある大きな目的・目標のイメージが見えない状況ではないだろうか。ある意味、作業の効率化がデジタル化と勘違いされている方が多いように感じる。

最近の筆者の経験では２０２１年、生産関連のＯＢ技術者が集まった技術懇話会から依頼されて講演を行ったが、この時にも3Ｄ化、デジタル化に対する拒否反応の質問があった。デジタル、3Ｄ化への動きは、効率向上のためだけと見えるらしく、しっかりとモノづくりや設計を行っていないように感じているらしい。最近の製造物リコールが目につくのは3Ｄ化、デジタル化で効率向上ばかり進めているからではないかという質問であった。

このモノづくりの懇話会には日本の大手製造会社ＯＢも参加し、日本がモノづくりをリーディングした経験のある人ばかりのようであった。自分たちが行っていた過去の状況に比べて、現代の日本の設計者やモノづくりの技術者のモチベーションが低いと感じられたのか、その状況への嘆きが言葉の端々にあり、その矛先が3Ｄ化、デジタル化に対する拒否反応へつながっているようだった。彼らの経験が大きすぎるためなのか、世の中の新しい展開に対し柔軟な理解力が彼らに生まれていないのではないかとも思われる。このような例を筆者は数々経験してきた。

モノづくりのＯＢ技術者の話題の例をあげたが、現代のモノづくり現場でも同様なことが起きているのだろう。生産部門のベテラン技術者がデジタル化、３Ｄ化、バーチャルエンジニアリング環境に理解を示さないと、新たなモノづくり改革の展開シナリオは作れない。

誰が推進者なのか？

デジタル化について経営者の方と話していると、時として聞く言葉が「うちはＩＴ部門が弱くてね。」というものだ。それに続く言葉として「だからデジタル化、バーチャル化が進まないんだよ。」と言いたげなのか、会話に少しの間が空く。デジタル化、バーチャル化に関してＩＴ部門がステークホルダーとして展開対応するというイメージが強いのではないだろうか。

経産省設定の研究会報告書の調査の指摘では

第八章に記述したが、経産省の研究会報告書「デジタルトランスフォーメーションの加速に向けた研究会ＷＧ1全体報告書（２０２０年12月28日）」には、日本の経営層、事業部門、ＩＴ部門の対応の現状を示している。この報告書の内容から「本当にＩＴ技術者不足だけなのか？」の観点で、言葉を抜き出してみる。

○経営層は「経営者がビジョンを描けていない」
○事業部門と経営層の動きとしては「オーナーシップを持たず、ＩＴ部門に丸投げしている」

○ＩＴ部門と事業部門は「デジタルトランスフォーメーション（ＤＸ）とはどのようなものか解釈・企画する人材が少ない」
○ＩＴ部門は「ＤＸにおいても御用聞き（受け身体質）になっている」

経営者はビジョンを描くこと、かつ事業としての会社のシナリオを作ることができない。そしてＩＴ部門は単なる作業者としての動きをしているが、そのＩＴ部門に事業部門、経営者層はビジョンも含めた展開を丸投げしている。経産省の設定の研究会の調査結果の実態が浮かび上がる。

リーディングの各立場

モノづくり改革のシナリオは、モノづくり現場の技術者主導で作成しないとベテラン技術者の協力は得られず、例えシナリオを作成しても、改革展開は難しい。

ＩＴ技術者はＩＴ関連の専門家であり、モノづくりの専門家ではない。このため、モノづくり現場にとって、モノづくりを経験していないＩＴ技術者の存在価値は小さく評価され、例え本来進めたいモノづくりのＩＴ化、デジタル化などへの改革展開のビジョン、シナリオなどを提案しても、ＩＴ環境の構築の範囲までしか対応を任されることはない。

その目的、効果予測、投資の必要性なども含めて、正確な考慮の上で検討したＩＴ化、デジタル化などへの改革展開を行うためには、ＩＴ、デジタル、３Ｄ図面などのバーチャルエンジニアリングを理解したモノづくり技術者自らのリーディングが必要となる。ただ、モノづくり技術者だけでは将来への投資も含めたビジョンを決めることができない。このため、投資も含めたビジョン展開を進めるためにはＩＴ、デジタル、３Ｄ図面などの技術のパフォーマンスを理解し、将来への投資を決断する経営者が必要となる。最低この3者、経営者、モノづくり技術者、ＩＴ技術者が経営者のリーディングにより作成されたビジョンを推進展開するシナリオを作成することが必要となる。

具体的にはビジョン、シナリオに従い、ＩＴ機能環境の導入推進はＩＴ技術者が行い、導入されたＩＴ機能環境を生産に活用するのはモノづくり技術者である。その効果の評価と他の事業部を含めた全社展開への推進は経営者となる。このようにＩＴ、デジタル基盤の導入はステークホルダーを決め、その目的を全社レベルで共有する必要がある。

このようなことから、ＩＴ技術者不足と言うが、「うちはＩＴ部門が弱くてね。」という経営者の言葉も併せて考えると、モノづくり技術者、経営者、ＩＴ技術者が連携し、会社の存亡をも考える将来ビジョンの作成を放棄していることに対しての言い訳としか見えない。

20世紀後半から始まる製造分野のデジタル化展開

世界の動きを見ると最近ではＤＸが会社の生き残り戦略となってきた。このため、ビジョンをどうするか、シナリオをどう作るか、そして、今までの技術を活かすためＩＴ技術を連携した社会システムの構築・推進はどうあるべきか、という位置づけで、技術普及のための公的研究機関の設立が

2010年以降、欧州、北米、中国などで進んでいる（第七章）。

現在、日本にはこのような公的機関がない。経産省設定の研究会の報告書、ものづくり白書などの公的文書の内容は日本の中で、もっとも正確に、世界の動きを知った記述をしている。しかし、その考え方、技術、普及のための施策などの具体的な動きは見られない。

教育機関も含めて、日本には『2020年版ものづくり白書』で指摘されたダイナミック・ケイパビリティ（企業変革力）を獲得するデジタル技術を用いたモノづくりの技術を研究し、普及する公的機関がないのである。残念なことに関心がないのか、設立しようという動きさえ感じられないのである。設計／開発／製造分野におけるデジタル技術を責任を持って研究し、普及するための国家戦略が見えないのである。これがこの分野における日本の最大の課題の1つと言えそうだ。

10・4　おわりに

本書を上梓（じょうし）するにあたって当初は「暗黙知の形式知化」というテーマでモノづくりを見直すつもりであった。

モノづくりにおける「暗黙知の形式知化」とは何を意味するかと考えると、何のために形式知化するのかということに行き着く。形式知化するということは技術、技能を誰でも同じようにできるようにするため、匙加減（さじかげん）を数値化することだろう。そのことを考えると「モノづくりは壮大なコピーシステムである。」という事実に行き当たった。

昔から老舗の料亭は、その味を次の世代に伝えるため、子孫、または奉公人に、長い時間をかけながら同じ味を出せるように教え込んできた。料亭だけでなく、工芸品や、食品を生産しているような世界でも奉公人に対して、暖簾（のれん）分けという制度が古くから存在し、新たな店舗を開くことでその技術、技能が伝え、拡げられた。形は違うが、フランチャイズシステムの飲食店は、例えば、マクドナルドもスターバックスも、同じ味を世界で楽しめるビジネスモデルである。そのために設備の統一、マニュアル、教育システムなどを駆使し、同じ味を作り出すコピーシステムを創りあげたと言える。これは味、技能などのコピーシステムだ。

モノづくりでも、食づくりでも、技術、技能を形式知化し、さまざまな人、さまざまな地域、さまざまな国で同じような品質の提供を展開してきた。武器の大量コピー生産も含めて、歴史の中にも、生活の中にも、同じ機能、同じ形状、同じ品質のものをコピーし、行き渡らせた。これらは社会の持っているシステムがそれを支え、そのシステムも成長し機能してきた。押し寄せてくる変革の波はその「コピーマスターがリアルからデジタルに変化した」だけのことである。それがインダストリー4.0であり、バーチャルエンジニアリングであり、造り現場も製造機器も含めたデジタル化を意味するデジタルツインなどの言葉で表現されるデジタル化である。

コピーマスターのデジタル化の対応は

①形状のデジタル化：３Ｄ設計
②製品パフォーマンスのデジタル化：シミュレーション技術で原理・原則を表現
③モノづくりの現場技術のデジタル化：製造機器の機能特性、材料特性などの実機、現場を計測した統計データの活用

前述したが、最初の動きである「①形状のデジタル化：３Ｄ設計」が進んでいない。このため「②製造物パフォーマンスのデジタル化」も進まない。

日本のモノづくりの中でデジタル化、バーチャルエンジニアリング活用などの展開が非常に遅れているのは、「①形状のデジタル化：３Ｄ設計」が始まらないからとも言える。

「③モノづくりの現場技術のデジタル化：製造機器の機能特性、材料特性などの実機、現場を計測した統計データの活用」は現場で大量に暗黙知として持っており、世界から見ると日本は造り技術の宝庫である。この暗黙知を形式知として活用できるように統計データ化ができると、日本の持つモノづくりオリジナリティーの体制が整うことになる。

過去から伝えられた技術、技能を正確に守って、活用している人たちにとって、いい製品を常にアウトプットするという目的は同じではあるが、デジタル化という手段が違うことに耐えられない気持ちを持つのかもしれない。一番の課題はリアルでできたことをデジタルで表現することで、「コピー

マスターがリアルからデジタルになった」という重要な事実が知られていないことだ。

確かに3D化、デジタル化が大きく動き出したのはこの25年だろう。そして、ワークステーションを用い、ユニックスというOS中心であったインダストリー系のコンピュータ環境とパソコン中心でウィンドウズOSのオフィス系とが、同じウィンドウズOSで統一されたのは2008年末である。これにより、オフィス、インダストリーの垣根がなくなった。

読者の方の中には、3Dモデルをメールで送った経験のある方もおられるだろう。このようにデジタル活用が大きく一般普及したのが15年前だとすると、その環境技術の変化を正確に理解し、造り現場、教育機関などへ伝えるための時間が短かったのかもしれない。なおかつ、これらの状況と情報を日本の大学をはじめとする教育機関、公的研究機関の中で共有、普及する対応が見られないことも、この状況を作り出した要因かもしれない。

コピーマスターがデジタルになることで、ユニークなコピーマスターの設定も可能なことから、一品製造も量産製造も同じ対応として扱うことができる。これにより、マスプロダクションの中でカスタマイズ製造が可能となる。マスカスタマイズという言葉をよく聞くが、すでに遠い先の話ではなく、現実化している。第四章で説明したようにメガネの遠近両用レンズのように顧客の求める製品をカスタマイズし、提供できるようにすでになっているのだ。このマスカスタマイズの技術は新たな商品ビジネスへつながった。

日本がもう一度モノづくりで世界を席巻する日が来るかどうかは別にして、世界の動きを追いかけるだけの力は持つ必要がある。そのためにもコピーマスターがデジタルになったという事実を早急に理解し、社会システムとして、それを認める対応が必須である。

希望を込めて

ここまで、日本の製造業におけるバーチャルビジネスへの変革が遅れていることを述べてきた。その中で一番伝えたいことは「世界ではコピーマスターがデジタル化への変革がほぼ終了に近づいていることと自体が日本で知られていない」ことだ。なおかつ、この事実を議論することがタブーのような感さえある。

2022年、総務省が調査した「国内外における最新の情報通信技術の研究開発及びデジタル活用の動向に関する調査研究」のデジタル化効果に関する米国、ドイツ、中国、日本へのアンケート調査結果を、第三部巻頭に記述した。他国の半分の数値ではあるが40％を超える日本企業が「期待以上」「期待通り」のデジタル化効果を示している。施策を試してみれば、期待される効果があるのがわかってきたのである。施策を展開していない企業も、すでに始めた企業の動きを見て、その効果の噂は聞こえるだろう。そのようになれば、ワレも、ワレもと始めるだろう。その目的、展開の手段などが見え、それらが普及するだろう。そのようになり始めれば、すぐに50％……70％になるだろう。これらは企業の各部門の中でのトライアルで効果が実感できるのである。

第八章の表8・1で示したように第2ステップに入る時点までは日本は世界と横一線で遅れていな

かったのである。図8・3にあるようにデジタイゼーション・デジタライゼーションの段階までは各部門の部門長指揮の下、世界と同等以上の展開ができていたのである。課題は組織横断、産業界全体まで連携した展開までには、及ばなかっただけなのである。すでに連携のためのデジタル技術は成立しており、それらを効果的に活用すればいいだけなのである。

DX関連の日本の遅れ状況は世界の中でも下位レベルであることはマスコミ、一般にまで、周知の事実となっている。そのせいなのか、経営者参加の勉強会が増えていると聞く。日本の中に経営者も含めたデジタルに関する新たな動きが見え始めているのである。

2023年5月30日、海事産業の変革を目指すべく、国土交通省主催で将来のニーズに対応するため、2030年に目指すべき船舶産業の姿・達成すべき目標とロードマップ作成のための「第1回船舶産業の変革実現のための検討会」が開催された。この検討会のテーマ例の1つに「バーチャル・エンジニアリングの実現」があげられたということもあり、海事産業には門外漢の筆者も参加した。国交省海事局長の開口一番で始まったその検討会の出席者は各造船会社社長、代理でも役員クラス。2022年10月に新設になったばかりの東京大学「海事デジタルエンジニアリング」社会連携講座の代表教授が座長を受け、産官学協力の下、危機感を持った会合が始まったのである（船舶産業の変革実現のための検討会：https://www.mlit.go.jp/maritime/maritime_tk5_000080.html）。

このように遅ればせながらではあるが、いろいろな分野で日本の対応が始まっている。

過去のしがらみを捨て、ニュートラルな意見を持った議論を進めて欲しい。日本の状況が世界との動きに遅れているが、その差がこれ以上開く前に、政策シナリオの作成とそれをリーディングする公的推進・研究機関を設立して欲しい。各企業はそれらのシナリオ、研究機関を活用し、この世界の流れを全力で追いかけ、乗り切ることを切に祈念する。

著者略歴

内田　孝尚（うちだ　たかなお）

1953年生まれ。神奈川県横浜市出身。横浜国立大学工学部機械工学科卒業。博士（工学）。1979年株式会社本田技術研究所入社。2018年同社退社。MSTC主催のものづくり技術戦略Map検討委員会委員（2010年）、ものづくり日本の国際競争力強化戦略検討委員会委員（2011年）、国土交通省主催の船舶産業の変革実現のための検討会委員（2023年）、機械学会“ひらめきを具現化するSystems Design”研究会設立（2014年）および幹事を歴任。現在、理化学研究所 研究嘱託、東京電機大学工学部非常勤講師、機械学会フェローを務める。雑誌・書籍などマスメディアや、日本機械学会等のセミナーを通じて設計・開発・モノづくりに関する評論活動に従事。

著書『バーチャル・エンジニアリング』（2017年）『ワイガヤの本質』（2018年）『バーチャル・エンジニアリングPart2』（2019年）『バーチャル・エンジニアリングPart3』（2020年）雑誌『機械設計』連載「バーチャルエンジニアリングの衝撃」（2019年1月—2020年6月）同誌連載「普及が拡がるバーチャルエンジニアリング」（2021年1月—12月）『バーチャル・エンジニアリングPart4』（2023年3月、いずれも日刊工業新聞社）雑誌『FOURIN 世界自動車技術調査月報』連載「バーチャルエンジニアリング」（2021年2月から、FOURIN）。

鈴木　渉（すずき　わたる）

1979年生まれ。千葉県木更津市出身。2005年横浜国立大学大学院工学府システム統合工学専攻　修士課程修了。住商情報システム株式会社（現SCSK株式会社）を経て、2011年にオートフォームジャパン株式会社に入社。AutoForm製品各種のプリセールスや技術サポート、営業の経験を積む。その後、シミュレーションを活用した金型準備プロセス短縮のためのプロセス改革コンサルティングを開始し、プロセス改革により生み出される価値の最大化を支援。2019年取締役副社長、2022年7月より代表取締役社長に就任。パートナーとして日本製造業の競争力強化に貢献することをミッションとして自社組織力の成長を図っている。経営学修士。

バーチャル・エンジニアリング Part5
バーチャルモデルで変貌した
モノづくりが世界を席巻する

NDC501

2023年 9 月26日　初版 1 刷発行

定価はカバーに表示されております。

©著　者　内田孝尚
　　　　　鈴木　渉
発行者　井水治博
発行所　日刊工業新聞社

〒103-8548　東京都中央区日本橋小網町14-1
電話　書籍編集部　03-5644-7490
　　　販売・管理部　03-5644-7403
　　　FAX　03-5644-7400
振替口座　00190-2-186076
URL　https://pub.nikkan.co.jp/
email　info_shuppan@nikkan.tech

印刷・製本　新日本印刷

落丁・乱丁本はお取り替えいたします。　2023　Printed in Japan

ISBN 978-4-526-08292-4